O.W. BARTH

Esther und Johannes Narbeshuber

Mindful LEADER

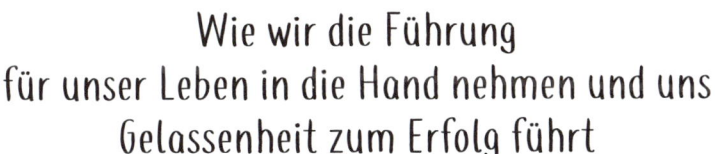

Wie wir die Führung
für unser Leben in die Hand nehmen und uns
Gelassenheit zum Erfolg führt

Mit Illustrationen von
Nontira Kigle

O.W. BARTH ✳

Besuchen Sie uns im Internet:
www.ow-barth.de

© 2019 O. W. Barth Verlag
Ein Imprint der Verlagsgruppe
Droemer Knaur GmbH & Co. KG, München
Alle Rechte vorbehalten. Das Werk darf – auch teilweise –
nur mit Genehmigung des Verlags wiedergegeben werden.
Illustrationen: Nontira Kigle
Covergestaltung: Alexandra Dohse, www.grafikkiosk.de
Coverabbildung: MLI, Salzburg
Satz: Daniela Schulz, Rheda-Wiedenbrück
Druck und Bindung: Print Consult GmbH, München
ISBN 978-3-426-29293-8

2 4 5 3 1

Inhalt

Geleitwort von Britta Hölzel

Mindfulness wird in der letzten Zeit mit zunehmender Begeisterung in Organisationen eingesetzt. Sie trifft dort auf großes Interesse bei den Trainingsteilnehmern, weil sie die drängenden Herausforderungen unserer Zeit anspricht. Digitalisierung, der Druck zum Multitasking, Zerstreuung, Zeitdruck und fehlende Mußezeiten halten uns in Stressspiralen gefangen und führen zur Entfremdung von uns selbst.

Mit Esther und Johannes Narbeshuber bin ich schon seit mehreren Jahren beruflich und auch freundschaftlich verbunden. Mit großer Hingabe haben sie sich der Aufgabe verschrieben, Mindfulness in die Unternehmen hineinzutragen. Ich schätze ihre inspirierende, humorvolle, anschauliche, praktisch-relevante und zugleich fundierte Art zu unterrichten sehr. Ihr *Salzburger Achtsamkeitsmodell* ist ein eingänglicher und sehr inspirierender Weg, die Achtsamkeit zu vermitteln. Das Buch zur Methode bietet praktische Unterstützung bei der Umsetzung im Alltag.

Als Wissenschaftlerin schätze ich natürlich besonders die Einbeziehung der wichtigsten Forschungsergebnisse. Obwohl die wissenschaftliche Erforschung der Achtsamkeit noch in den Kinderschuhen steckt, haben vorliegende Forschungsarbeiten unterstrichen, dass Achtsamkeit zu unterschiedlichen Lebensbereichen wesentlich beitragen kann. Als derzeit gut gestützt gelten vor allem die Effekte der Stressreduktion, der Verbesserung der geistigen Gesundheit, der Stärkung des Immunsystems, der kognitiven Flexibilität und des Arbeitsgedächtnisses. Bei gut entwickelten Trainings zeigen sich zudem die positiven Effekte auf prosoziales Verhalten, wie verbessertes Mitgefühl, Hilfsbereitschaft und die Fähigkeit zur Perspektivübernahme. Diese Befunde unterstreichen somit den weiteren Nutzen für den Einsatz in Organisationen und werden von Esther und Johannes Narbeshuber anschaulich aufgearbeitet und leicht zugänglich gemacht.

Ich wünsche viel Freude beim Lesen dieses spannenden Buches!

Dr. Britta Hölzel
(Harvard / Charité / TUM)

Vorwort von Peter Bostelmann

Wollen Sie lernen, trotz zunehmendem Digitalisierungsstress und hohem Arbeitspensum gelassener und fokussiert zu arbeiten und vor allem – zu leben? Dann empfehle ich Ihnen, dieses Buch zu lesen.

Mit ihrem ganz eigenen Zugang, ohne traditionelles oder religiöses Beiwerk, dabei fundiert und humorvoll zeigen Esther und Johannes Narbeshuber, wie Achtsamkeit im Berufsalltag trainier- und lebbar ist. Sie tun dies auf Augenhöhe, mit Bildern, Anekdoten, praktischen Tipps und spannender Forschung.

Als Leser begleiten wir einen Protagonisten durch seine beruflichen Höhen und Tiefen und erfahren so »ganz nebenbei«, wie und warum Achtsamkeit im Geschäftsalltag Sinn macht und was das Thema mit unserem eigenen beruflichen Erfolg zu tun hat.

Die reiche Erfahrung der Autoren im Unterrichten von Achtsamkeit spiegelt sich in den geschilderten Situationen des Protagonisten wider sowie in den Kernbotschaften und Fragen, die sich an jedes Kapitel anschließen. Auf kluge Weise wird der Leser hier eingeladen, den stofflichen Inhalt mit den eigenen Erfahrungen zu verknüpfen, um so das Gelesene gleich etwas mehr im eigenen Alltag zu verankern.

Die Prognose der Autoren, dass die Integration von Achtsamkeit, ob im mittelständischen Unternehmen oder Weltkonzern, eines *der* Instrumente ist, um sich in einer digitalisierten Welt zukunftsorientiert auszurichten, kann ich als Gründer und Leiter der »SAP Global Mindfulness Practice« nur unterstreichen: Seit wir 2012 bei SAP begonnen haben, das Thema zu etablieren, zeigt eine Datenanalyse von 4800 Kursteilnehmern einen signifikant positiven Einfluss unter anderem auf das Engagement der Mitarbeiter, das Vertrauen in Führungskräfte und die Anzahl der Fehltage.

Das Achtsamkeitsprogramm der SAP wurde in den letzten Jahren weltweit zu einem durchschlagenden Erfolg. Die internen Wartelisten sind lang, die Anfragen anderer Konzerne nehmen Jahr für Jahr zu. Das Achtsamkeitsprogramm wurde nicht nur eines der populärsten Trainings der SAP, ein ROI von 200 Prozent zeigt, dass es auch signifikant zum finanziellen Erfolg des Unternehmens beiträgt.

(Achtsamkeit ist längst nicht mehr eine Nischen-Leidenschaft einiger weniger. Die Fähigkeit von Führungskräften und Mitarbeitern, fokussierter und zugleich gelassener und balancierter dem stetigen Wandel der »Digital-Ära« begegnen zu können, ist zu einem Wettbewerbsvorteil von Unternehmen in unserer Zeit geworden.)

Und noch ein Punkt verbindet mich mit Esther und Johannes Narbeshuber: das Anliegen, das Thema Achtsamkeit in Wirtschaft, Bildung, Politik und Gesellschaft zu etablieren. Wir sind überzeugt, dass Mindfulness das Potenzial hat, nicht nur Ihr (Berufs-)Leben, sondern unsere gesamte Gesellschaft positiv zu verändern. Erst wenn wir unsere Kräfte bündeln, wenn wir uns über die Grenzen der unterschiedlichen Achtsamkeitsansätze hinaus vernetzen und zusammenarbeiten, dann ist echter gesellschaftlicher Wandel möglich. Aber aller Wandel beginnt bei jedem Einzelnen – und vielleicht mit diesem Buch!

Peter Bostelmann
(Director, Global Mindfulness Practice, SAP)

Einführung

Willkommen!

Schön, dass wir uns gefunden haben. Sie finden in diesem Buch Ansätze, wie Sie intelligenter arbeiten, wie Sie sich besser fokussieren und innovativer werden können. Sie finden Wege, wie Sie Ihre Mitarbeiter oder Kollegen wirklich erreichen können – doch dazu gleich mehr. Zunächst einmal wollen wir kurz mit unserer eigenen Geschichte beginnen:

Es war einmal ein Paar, das sich vor rund fünfzehn Jahren kennenlernte und bald heiratete. Die Frau kam aus einer Familie, in der Stress das Paradigma war – nach dem Motto: »Schaffe, schaffe, Häusle baue« und »Wer rastet, rostet«. Der Mann hatte seine erste Meditationserfahrung mutmaßlich bereits im Mutterleib und war später regelmäßig bei den wöchentlichen Achtsamkeitsrunden seiner Eltern dabei. Im Studium schwor er dem ganzen »alternativen Kram« ab und wurde eine nüchterne, naturwissenschaftlich und betriebswirtschaftlich denkende Führungskraft. Die Frau meditierte als Studentin eine Zeit lang in einem buddhistischen Zentrum, fühlte sich aber mit vielen Fragen dort allein gelassen und wurde eine karriereorientierte Aufsteigerin. Nach einigen Jahren wurde das Erfolgskonto der beiden praller, aber die »Musik in ihrem Leben« ging verloren. Seine berufliche Sinnkrise und Schicksalsschläge wie der frühe Tod ihrer Mutter ließen beide am bisherigen Lebenskonzept zweifeln.

Genau an diesem Punkt stehen viele Menschen, die wir heute bei unserer Arbeit in Organisationen und Unternehmen treffen. Und es werden immer mehr.
Sie stellen sich Fragen wie: »Macht das Sinn, dass ich hier täglich

mein Bestes gebe?«, »Was ist wirksam in meiner Arbeit?«, »Welche Spuren möchte ich einmal hinterlassen?«

Unser eigener Weg zeigt uns, dass uns Achtsamkeit mit ihrem Spektrum an Wirkungen vielen Antworten auf diese Fragen nähergebracht hat. Wir sind überrascht, wie vielen Menschen, die wir treffen, es ähnlich geht.

Haben wir uns in diesen zehn Jahren aktiver Praxis verändert? Ja! Unser Leben ist heute intensiver, erfüllender und in manchen Bereichen auch langsamer geworden. Sind wir immer noch Menschen und befinden uns auf dem jeweils aktuellen Stand unserer Unzulänglichkeiten? Ja! Krisen und Rückschläge gibt es bei uns wie in jedem Leben. Aber unser Umgang mit den Dingen hat sich gewandelt. Das hat auch mit unseren wichtigsten Achtsamkeitslehrern – die glücklicherweise mit uns unter einem Dach wohnen – zu tun: zwei wunderbare Jungs von fünf und acht Jahren. Dazu hatten wir das Glück, direkt an den Wurzeln zu lernen, bei Pionieren der Achtsamkeit bzw. bei Menschen, die sich intensiv mit Themen verbunden haben, die damit zusammenhängen – zum Beispiel Jon Kabat-Zinn, Gerald Hüther, David Steindl-Rast, Arthur Zajonc, Dan Siegel, Claus Otto Scharmer, Saki Santorelli, Friedrich Glasl, Britta Hölzel, Stephen Gilligan oder Nicole Stern.

Verändert hat sich für uns, dass wir mehr Zeit für die uns wesentlichen Dinge im Leben haben, dass wir immer noch gerne produktiv sind, aber immer öfter die richtige Balance finden zwischen An- und Entspannung.

Für uns ist wertvoll, dass wir eine tragfähige innere Stabilität entwickelt haben, das heißt, die innere Gewissheit, dass, wann immer ein Ereignis uns aus der Bahn wirft, wir nach einer gewissen Zeit der Anpassung wieder in unsere Mitte zurückfinden werden.

Für uns ist es inspirierend, dass die Achtsamkeitspraxis uns auch nach vielen Jahren immer noch so viele (innere) Entwicklungsmöglichkeiten bietet, dass wir damit leicht ein paar weitere Leben füllen könnten.

Für uns ist die Wahrnehmung erleichternd, dass (Achtsamkeit kein zielgerichteter Prozess ist, der uns möglichst schnell oder überhaupt irgendwohin bringen muss. Achtsamkeit trägt uns in unserem Leben, bringt uns uns selbst näher und gibt uns eine innere Orientierung. Das ist genug.)

Es geht nicht darum, erleuchtet zu werden oder tolle neue Kompetenzen aufzubauen. Auch wenn das mit den tollen neuen Kompetenzen tatsächlich einmal wesentlich war für unsere Motivation, uns mit dem Thema überhaupt näher zu befassen. Vielleicht geht es Ihnen ja ähnlich.

Die Forschung bietet dafür jedenfalls jede Menge Material, und das Wichtigste davon wollen wir Ihnen nicht vorenthalten.

Achtsamkeit in Zeiten von Digitalisierung und Agilität

Es gibt Antworten auf die Herausforderungen, die auf uns zukommen.

Achtsamkeit macht uns, wie Matthias Horx, der den »Megatrend Achtsamkeit« prognostiziert hat, es treffend formuliert, »mit mentalen Techniken der Selbstwirksamkeit bekannt, in der wir Verantwortung im Hier und Jetzt übernehmen können«[1]. Das ist in Zeiten disruptiver Veränderungen, in Zeiten von *Digitalisierung* und *Agilität* entscheidend.

Im Zusammenhang mit der Digitalisierung ist Achtsamkeit dreifach interessant:
Zum einen macht Digitalisierung Achtsamkeit schlicht notwendig. Digitalisierung fordert und überfordert uns in einem Maß, dass wir gar nicht umhinkommen, unser Bewusstsein und unsere

einzigartigen menschlichen Fähigkeiten mit allem zu entwickeln, was in unserer Macht steht. Wenn wir in der digitalisierten Welt nicht verloren gehen, sondern handlungs- und entscheidungsfähig bleiben wollen, dann ist Digitalisierung ein Motor, ein kräftiger Treiber für die Entwicklung unserer Achtsamkeit. (Achtsamkeit wird notwendig, wenn wir innere Ruhe, Resilienz und Selbststeuerungsfähigkeiten entwickeln wollen, statt im digitalen Burn-out zu landen.)

Des Weiteren unterstützt Digitalisierung aber auch die Achtsamkeit direkt und kann sie erleichtern. Wir nutzen Apps, Blended Learning und Follow-up-Programme, um mit Achtsamkeit in Kontakt zu bleiben. Das gesammelte Wissen der Menschheit zu diesem Thema steht uns wie nie zuvor zur Verfügung.

Drittens braucht auch die Digitalisierung Achtsamkeit. Wir blicken heute in eine ungewisse Zukunft: Erschaffen wir da gerade eine Welt, die uns und unsere bisherige Vorstellung vom Leben gar nicht mehr braucht, die uns zusehends verwalten, fremdbestimmen und abschaffen wird? Oder können wir mitgestalten, was da vor uns liegt? Ist es möglich, den technologischen Fortschritt in Einklang zu bringen mit unserem wirklich besten Interesse – als Einzelne und als Menschheit? Wenn wir diesen Tanz auf Messers Schneide hinbekommen wollen, werden wir unser ganzes menschliches Potenzial brauchen.

Dem in Ihrer Führungsarbeit näher zu kommen, ist die Einladung dieses Buchs.

Innere Agilität

Die moderne Forschung ist zwar ein vergleichsweise junges Feld, aber sie bestätigt, was schon seit Jahrtausenden das Erfahrungswissen von Meditierenden ist: Achtsamkeitspraxis hat einen positiven Einfluss auf unsere physische und psychische Verfassung. (Vor wenigen Monaten sind die Ergebnisse des

»ReSource Projects«[2] veröffentlicht worden, dem bisher größten Projekt zur Achtsamkeitsforschung, das durchgängig von Wissenschaftlern des Max-Planck-Instituts für Kognitions- und Neurowissenschaften begleitet wurde.

Und die Befunde sind deutlich:

Weniger Stressempfinden bei gleichem Arbeitspensum und die Stärkung von Konzentrationsfähigkeit und Mitgefühl. Wir können unsere Aufmerksamkeit fokussierter halten und uns Dinge besser merken. Wir können uns besser einfühlen – in uns selbst und in andere. Ganz nebenbei steigt unsere Lebensqualität[3] sowohl im beruflichen wie auch im privaten Kontext.)

(Aber auch auf Organisationsebene gibt es Ergebnisse: Kreativität und Innovationskraft, verbesserte Arbeitsbeziehungen, niedrigere Krankheitsraten, eine Reduktion der Fehlzeiten[4]. Achtsamkeit wird immer mehr als Schlüsselkompetenz in der viel zitierten »VUCA*-Welt« erkannt.)

Peter Bostelmann, Director bei SAP und dort verantwortlich für die »Global Mindfulness Practice«, beziffert den »Return on Investment« auf das hauseigene Achtsamkeitsprogramm mit 200 Prozent. Diese Zahl ist kein Fantasieprodukt, sondern ist mit akribischen wissenschaftlichen Pilotstudien belegt. Die Ergebnisse dieser Studien waren derart überzeugend, dass das Programm in Deutschlands wertvollstem Unternehmen nun konzernweit ausgerollt wird.

Rasmus Hougaard[5] spricht von einem »Global Movement«, an dem Dutzende Unternehmen wie Marriot, Starbucks oder LinkedIn beteiligt sind.

Mittlerweile gibt es kaum noch ein großes Unternehmen, das etwas auf sich hält, das nicht versuchen würde, Achtsamkeit in

---

* Das Akronym VUCA umreißt die Rahmenbedingungen unserer neuen Arbeitswelt: volatile, uncertain, complex, ambiguous (unstet, ungewiss, komplex und mehrdeutig).

irgendeiner Weise an Bord zu holen – zumindest in der Führungskräfteentwicklung. Wer sich ein wenig mit dem allseits getrommelten Appell, endlich »agil« zu werden, beschäftigt hat, merkt schnell: Wir können im Außen viele »Stand-up-Meetings« und »agile Retrospektiven« halten und lustige neue Rollenbezeichnungen verteilen: Entscheiden wird sich das Thema an der inneren Einstellung, Flexibilität und Offenheit der Beteiligten. Auf dieser Ebene kann Achtsamkeit wesentlich zur Kompetenzentwicklung beitragen.

Pimp my hamster?

Das führt uns zu der Frage: Wozu machen wir das Ganze? Geht es bei der Achtsamkeit um ein neues Versprechen zur Selbstoptimierung, um neuen Schwung für das Hamsterrad? Den nächsten Beitrag zu höher, schneller, weiter, mehr und jetzt eben auch noch agiler?

Deswegen haben wir unsere eigene Geschichte an den Anfang dieser Einführung gestellt: Ja, vielleicht ist das die Einstiegsmotivation, die Sie oder viele Unternehmen überhaupt in Kontakt mit diesem Thema bringt. Ganz ehrlich: Bei uns war das ein Stück weit auch so, und bei vielen Menschen, mit denen wir dazu gesprochen haben, auch.

Wir haben erfahren, dass uns Achtsamkeit viel »gebracht« hat. Auch im Sinn von Fokus, Kreativität, Empathie und Resilienz. Irgendwann ist dabei die Selbstoptimierung in den Hintergrund getreten. Prioritäten haben sich verschoben und auch unser Bild davon, wer wir sind und wer wir sein wollen.

Das ist sozusagen unser »Disclaimer«: Wenn Sie jetzt weiterlesen, gehen Sie das Risiko ein, sich selbst und die Welt irgendwann deutlich wacher und klarer wahrzunehmen. Zwischendurch kann das auch ganz schön ungemütlich werden und manches infrage stellen. Die Erfahrung zeigt uns aber: Es lohnt sich.

Viel Spaß auf Ihrer Reise!

Wie dieses Buch aufgebaut ist

Sie lernen auf den nächsten Seiten Sam kennen. Er ist selbst Führungskraft und hat sich in den letzten Jahren mit Achtsamkeit beschäftigt. Gemeinsam mit seiner Kollegin Marie wird er Ihnen das *Salzburger Achtsamkeitsmodell (SAM)* näherbringen – und ja, die Namensgleichheit zwischen Modell und Protagonist ist beabsichtigt. Marie ist dabei die, die theoretisch gern noch einen Schritt weiter in die Tiefe geht, Sam mehr der Praktiker.

Das Salzburger Achtsamkeitsmodell ist im Laufe von etlichen Jahren entstanden, in denen wir unser Thema weitergegeben und nach immer neuen, praxisnahen Wegen der Vermittlung gesucht haben.

Zu Beginn stellen wir Ihnen einige grundlegende Funktionsweisen unseres Gehirns und Nervensystems vor, und gleich danach, wie wir uns dieses Wissen praktisch zunutze machen können.

Der entscheidende Teil für die direkte Umsetzung im Alltag findet sich im Kapitel »Tipps und Tricks für den individuellen Kompetenzaufbau«. Dort lernen Sie, wie Sie Ihre eigene Achtsamkeitspraxis aufbauen.

Im Kapitel »Mindful Leadership in der Praxis« finden Sie praktische Anwendungsfelder für Ihre Führungsarbeit. Sie können diese Fallbeispiele auch separat lesen. Die vollen Zusammenhänge und Grundideen erschließen sich aber erst im Zusammenspiel mit den Kapiteln davor.

Um die durchgängige Logik des Buches zu verdeutlichen, wird Sie eine Art Farbleitsystem durch das ganze Buch begleiten. Dazu mehr im Abschnitt »Drei Systemebenen in unserem Inneren«.

Dazwischen finden Sie immer wieder kleine Anregungen zu Mini-Übungen (die wir »Micro-Practices« genannt haben) und Hinweise zur Vertiefung von Marie, die ja immer mehr weiß. Am Ende fasst Sam die Kernideen des Salzburger Achtsamkeitsmodells komprimiert zusammen.

Dieses Buch mag ein wenig »männlich« aufgemacht sein. Das beginnt bei Sam als männlicher Leitfigur und setzt sich damit fort, dass wir zugunsten der Lesbarkeit auf eine geschlechtergerechte Schreibweise verzichtet haben.
Liebe Leserinnen, das liegt nicht an einer Geringschätzung. Im Gegenteil! Erfahrungsgemäß tun sich Frauen mit vielen Aspekten von Achtsamkeit tendenziell leichter, weil sie eine etwas andere neurobiologische Ausrüstung mitbringen. Männer wurden in der Evolutionsgeschichte schon vor langer, langer Zeit die Spezialisten fürs Kämpfen, Töten und Funktionieren. Das war für das Überleben unserer Spezies gut so, aber die dafür notwendige »dicke Haut« macht auch manches schwerer.
Wenn wir in diesem Buch also den Männern eine etwas breitere Brücke bauen, dann deshalb, weil sie die gut gebrauchen können. Und wir – Männer und Frauen – brauchen einander.

In diesem Sinne: Begrüßen Sie mit uns Sam. Er wartet schon auf Sie!

Aus dem Alltag einer Führungskraft

Meet Sam –
überfordert, ausgebrannt, aber »always on«

In diesem Kapitel lernen Sie Sam kennen – eine typische Führungskraft, die vieles erlebt, was auch Sie wahrscheinlich kennen. Seine Entwicklung zeigt, woran wir in unserem Arbeitsalltag immer wieder scheitern und wie wir das ändern können. Dabei hilft es Sam, sein Gehirn etwas besser zu verstehen, um es optimal einzusetzen. Er erfährt, wie Achtsamkeit ihn dabei unterstützen kann, einen konstruktiven Umgang mit Stress und den Herausforderungen eines digitalisierten Alltags zu finden. Für mehr Gelassenheit, Resilienz, Leistungsfähigkeit und Innovationskraft.

Sam ist im mittleren Management eines großen Unternehmens tätig und leitet ein eigenes Team mit mehreren Mitarbeitern. Er wird Sie durch dieses Buch begleiten, denn wir sind uns sicher: Viele seiner Herausforderungen und Nöte sind auch Ihnen vertraut. Egal, ob Sie gerade Führungsverantwortung haben oder (noch) nicht.

Am Beispiel von Sam möchten wir Ihnen auch zeigen, dass und wie Veränderung möglich ist. Wir können inmitten eines stressigen, überfordernden Alltags Gelassenheit und Stabilität entwickeln. Wir freuen uns, wenn die Geschichte von Sams Entwicklung Sie ermutigt und Sie sich neue, hilfreiche Perspektiven daraus mitnehmen können.

Dürfen wir vorstellen: Das ist Sam.

Immer erreichbar, aber der Akku ist fast leer

Sam ist ein Mitarbeiter, wie man ihn sich wünscht: begeisterungsfähig, loyal, ehrgeizig und kreativ. Er verfügt über eine fundierte Ausbildung und einige Jahre Erfahrung in seinem Beruf und im Unternehmen. Er bildet sich regelmäßig weiter und ist motiviert, seine Aufgaben als Führungskraft so gut wie möglich zu erfüllen. Sam liebt seinen Job – eigentlich.

In letzter Zeit geht er nicht mehr ganz so gerne ins Büro. Wenn morgens der Wecker klingelt, dann fühlt er sich immer häufiger erschöpft. Mehrmals pro Woche schläft er weniger als sechs Stunden, weil ihn auch nachts Projekte und Probleme beschäftigen. Aber weil das für ihn zu einem Leben als »High Performer« dazugehört, ist er auch ein bisschen stolz, dass er mit so wenig Schlaf auskommt.

Getrieben von der To-do-Liste

Es ist Montagmorgen – 7:00 Uhr. Noch im Bett greift Sam ganz automatisch nach seinem Smartphone, um erst einmal seine Mails und WhatsApps zu checken. Sein Lebenselixier, genannt Adrenalin, beginnt zu fließen. Je mehr unbeantwortete Nachrichten auf ihn lauern, desto höher ist sein Puls bereits beim Aufstehen. Das gibt ihm den nötigen Kick, um in den Tag zu starten. Doch bevor der richtig begonnen hat, beschleicht ihn schon das Gefühl, dass er seiner To-do-Liste bedrohlich hinterherhinkt.

Das Familienfrühstück lässt Sam meist aus. Er liebt seine Frau und seine Kinder, aber Zeit für Verbundenheit bleibt im Moment wenig, weshalb er manchmal ein schlechtes Gewissen hat. Doch eigentlich nimmt er ja all das für seine Lieben auf sich. Er möchte, dass sie es gut haben. Also trinkt er nur schnell im Stehen einen Kaffee und blättert dabei die Tageszeitung durch. Dann verlässt er zügig das Haus, um wenigstens ein paar Minuten vor

den Kollegen im Büro zu sein und ein paar Dinge erledigen zu
können, bevor der tägliche E-Mail- und Telefon-Sturm aufzieht.
Auf der Fahrt fällt ihm noch ein, was er unbedingt in die Vor-
standspräsentation integrieren muss. Das darf er auf keinen Fall
vergessen.

Kreativ auf Knopfdruck?

Mit noch mehr Kaffee versucht Sam seine in letzter Zeit mangel-
hafte Konzentrationsfähigkeit etwas zu pushen. Eigentlich sollte
er gerade absolut fokussiert und produktiv sein: Die Deadline
für das neue Projekt ist schon nächste Woche. Bei dem Gedanken verkrampft sich wieder seine Bauchdecke: Wie soll er seinem Vorgesetzten die nachdrücklich geforderte innovative Lösung anbieten, wenn er kaum Zeit findet, um auch nur zehn
Minuten in Ruhe nachzudenken? Und was, wenn man seine
kreativen Vorschläge für Veränderungen doch nur wieder ab-
weist mit der Phrase »So haben wir das doch schon immer gemacht«? Ist die Zeit nicht ohnehin schon viel zu knapp, um das
Projekt termingerecht abzuschließen?

Zunächst beschließt Sam jedoch, seine E-Mails zu checken. Als er seinen Posteingang öffnet, sieht er, dass über 90 neue Mails auf ihn warten. Er zuckt zusammen und spürt ein Gefühl der Überforderung. Er beginnt die Mails abzuarbeiten, da klingelt das Telefon. Er muss sich schnell um ein Kundenangebot kümmern, das seine Kollegin braucht. Als er um 10:00 Uhr auf die Uhr blickt, merkt er, dass er erst 30 Mails beantwortet hat. Er nimmt sich vor, noch schneller und effizienter zu arbeiten.

Da fällt sein Blick auf den Kalender. In einer Stunde muss er ein Konzept präsentieren. Er versucht, sich einen Überblick über den Tag zu verschaffen. Wie es aussieht, hilft es nichts: Sam muss eben heute wieder länger im Büro bleiben – und mit ihm seine Mitarbeiter, an die er den Druck hinsichtlich der drohenden Deadline weitergibt. Das Motto lautet »Work hard, play hard«!

Alle da, aber keiner wirklich präsent

Doch das Team-Meeting an diesem Tag verläuft wieder einmal nicht nach Wunsch: Während die einen trotzig jammern, liefern sich die anderen heftige Wortgefechte darüber, wer daran schuld ist, dass man nicht schneller vorankommt. Dabei geht es vor allem darum, recht zu haben und den eigenen Standpunkt lautstark zu verteidigen. Gefühle und Befindlichkeiten zu zeigen ist verpönt.

Sam ärgert sich still über die verschwendete Zeit. Er versucht immerhin ein paar wichtige Mails zu beantworten, doch in ihm brodelt es. Ein flapsiger Kommentar eines Kollegen bringt das Fass dann ganz unvermittelt zum Überlaufen: Der zurückgehaltene Ärger bricht aus Sam heraus, und er weist seinen Mitarbeiter scharf zurecht. Er macht deutlich, wer hier das Sagen hat. Danach beendet er das Meeting.

Mal wieder wie im
Kindergarten

Durchhalten und weitermachen – koste es, was es wolle

Sam kehrt an seinen Schreibtisch zurück. Eine zündende Idee lässt immer noch auf sich warten. Es stapeln sich immer noch über 50 Mails im Posteingang. Doch er hätte es nicht so weit gebracht, wenn er nicht über eine ganze Menge Durchhaltevermögen verfügen würde. Sam beißt die Zähne zusammen. »Jetzt reiß dich am Riemen!«, sagt er streng zu sich. »Du bleibst so lange hier sitzen, bis du fertig bist!« Er wirft noch eine Tablette gegen die aufziehenden Kopfschmerzen ein und macht weiter.

Nach der Arbeit trifft sich Sam noch mit seinen engsten Vasallen auf ein Bier. Die Konversation ist von belanglosen Witzen und Lästereien über Kollegen geprägt. Am späten Abend fährt er nach Hause und mixt sich dort noch einen Drink zum »Runterkommen«. Er checkt ein letztes Mal für heute seine Mails und geht dann ins Bett.
Es dauert noch lange, bis Sam endlich einschläft, denn kaum versucht er zur Ruhe zu kommen, beginnen die Gedanken in seinem

Kopf zu kreisen: Wie lange halte ich das noch durch? Wie sollen wir diese Deadline schaffen? Und könnten die ständigen Magenschmerzen vielleicht doch ein Anzeichen für eine ernsthafte Erkrankung sein?

Reflexionsfragen

- Gibt es in dieser Geschichte Elemente oder Muster, die Sie aus Ihrem eigenen Leben kennen? Welche?
- Was in Ihrem Leben bereitet Ihnen zurzeit am meisten Sorgen oder Unwohlsein?
- Angenommen, Achtsamkeit könnte das Problem lösen oder Ihnen zumindest den Umgang damit deutlich erleichtern: Wären Sie bereit, dafür jeden Tag zehn Minuten zu investieren?
- Notieren Sie sich ganz konkret, welches Problem das ist.

Licht und Schatten der Digitalisierung

Kommt Ihnen vielleicht das eine oder andere in Sams Tagesablauf bekannt vor? Dann geht es Ihnen wie ganz vielen anderen Menschen auch. Der Alltag von Führungskräften stellt uns heute vor ganz neue Herausforderungen, für die es teilweise noch keine klar formulierten Lösungen gibt. Neue Technologien haben nicht nur großartige Möglichkeiten, sondern auch Probleme mit sich gebracht, wie zum Beispiel eine konstante Reizüberflutung und die Knechtschaft der permanenten Erreichbarkeit. Die meisten Führungskräfte fühlen sich gestresst und getrieben, viele bereits ausgebrannt. Wir sind noch dabei herauszufinden, wie wir mit der Digitalisierung gesund und konstruktiv umgehen können.

Neue Lösungen verlangen nach neuen Denkweisen

Bereits Albert Einstein wusste: »Probleme kann man niemals mit derselben Denkweise lösen, durch die sie entstanden sind.« Innovative Ansätze, kreative Lösungen werden heute überall in Organisationen gefordert. Zugleich halten aber viele beharrlich an alten Strategien und vermeintlichen Sicherheiten fest. Die Erkenntnis, dass Vertrautes nicht mehr greift, während die neuen Pfade noch nicht ausgetreten sind, löst Unsicherheiten und Ängste aus. Und wer sich nicht sicher fühlt, tut sich schwer, sich für das Neue zuversichtlich zu öffnen. Daraus resultieren nicht nur Spannungen im Inneren der Menschen, sondern auch im Äußeren, quer durch alle Ebenen eines Unternehmens oder einer Organisation.

Aber wir möchten Sie ermutigen: Es gibt Hoffnung! Herausforderungen fordern uns auf, zu wachsen, wach zu bleiben und kreativ zu werden. Sie bereiten den Boden für Weiterentwicklung. Erstaunlicherweise sind es uralte Strategien und Werkzeuge, die uns heute dabei effektiv unterstützen können. Sie wurden von klugen Köpfen sensibel entstaubt, von esoterischem Schnickschnack befreit und für den modernen Alltag praktikabel gemacht. Eine Vielzahl von Studien und jahrzehntelange Erfahrungen zeigen, dass sie funktionieren. Wir werden Ihnen in diesem Buch einige davon vorstellen. Sie können also aufatmen.

Meet Sam again – leistungsfähig, resilient und kreativ

Stellen Sie sich vor, Sie könnten eine Zeitreise unternehmen und Sam drei Jahre später noch einmal begegnen. Sie wären überrascht! Denn es hat sich einiges verändert: Sein Job macht ihm nämlich wieder richtig Spaß.

Es ist Montagmorgen – 7:00 Uhr. Gleich nach dem Aufstehen nimmt Sam sich ein paar Minuten Zeit für eine Morgenroutine, die aus ein paar einfachen Bewegungssequenzen und einer kurzen Achtsamkeitsübung besteht. Dann setzt er sich noch zu seiner Frau und den Kindern an den Küchentisch. Das gemeinsame Frühstück ist zu einem festen Ritual geworden, das niemand mehr missen möchte. In Verbundenheit tauscht man sich über das aus, was heute ansteht. Von einem nahrhaften Frühstück gestärkt, startet Sam dann in den Tag.

»Morgenstund …«

Im Auto hat er nun immer Zettel und Stift liegen, sodass er sich an der Ampel Ideen notieren kann. Der Versuch, sich Dinge zu merken, so hat er gelernt, verbraucht unnötige Kapazitäten in seinem Gehirn, die er für andere Dinge benötigt. Überhaupt hat er bei seiner Beschäftigung mit Achtsamkeit viel über die Beschaffenheit seines Denkapparates gelernt. Er weiß jetzt, dass es gewisse Zeiten am Tag gibt, an denen sein Gehirn einen großen Vorrat an Ressourcen zur Verfügung hat. Diese sind jedoch endlich und nehmen im Tagesverlauf ab.

Das Bild eines ferngesteuerten Spielzeughubschraubers verdeutlicht dies eindrücklich für ihn: Die ersten Male hebt der Spielzeughubschrauber[6] wunderbar ab und fliegt seine Runden. Allmählich wird der Motor schwächer, bis er nur noch ruckelt und sich schließlich nicht mehr von der Erde abhebt. So ähnlich ist es mit unserem Gehirn: Zu Beginn unserer Arbeit (das muss nicht zwangsläufig am Morgen sein) sind wir frisch und leistungsfähig. Doch schon eine zehnminütige Beschäftigung mit unseren E-Mails kann einen Großteil der Energie aufsaugen, da große Datenmengen verarbeitet werden müssen, was unser Gehirn schnell ermüdet. Somit achtet er darauf, möglichst ressourcenschonend mit seinen geistigen Kapazitäten umzugehen.

Start mit Prioritäten, nicht mit Mails

Dementsprechend beginnt Sam seinen Tag nun damit, seine Prioritäten festzulegen, da hier ein frischer Geist gefragt ist, und nicht wie früher mit dem Abarbeiten von Mails.[7] Die Flut an E-Mails und Nachrichten ist nicht weniger geworden, aber Sam fühlt sich nicht mehr so getrieben und gestresst davon, denn er hat inzwischen E-Mail-Zeiten in seinen Tagesablauf eingeplant. Dazwischen bleibt der Posteingang geschlossen, sodass er nicht ständig in seinen Denkprozessen gestört und abgelenkt wird. Auch kreative Arbeiten und Aufgaben, wo analytisches Denken gefragt ist, hat er in feste Zeitblöcke eingeteilt, um so gedanklich nicht zu sehr zwischen Denk- und Routinearbeiten hin und her zu hüpfen. Da der Vormittag seine produktive Zeit ist, macht er nur noch in Ausnahmefällen Gesprächs- und Telefontermine vor 11:00 Uhr aus.

Gut in Kontakt mit sich selbst und anderen

Tauchen an einem herausfordernden Tag wieder einmal Spannungen im Nacken oder in der Magengegend auf, bemerkt Sam das immer früher. Inzwischen weiß er, dass ihm dann ein paar tiefe Atemzüge guttun, um die Spannung in der Bauchdecke zu lösen oder die hochgezogenen Schultern wieder sinken zu lassen.) Schmerzmittel braucht er nur noch sehr selten.

(Dreimal pro Tag erinnert der Wecker seines Smartphones Sam daran, kurz innezuhalten und einen kurzen Check-in bei sich selbst zu machen. So passiert es auch nicht mehr so oft, dass er das regelmäßige Essen und Trinken vergisst.)Manchmal muss er auch nur ein paar Minuten seinen Kopf auslüften und gönnt sich eine Runde um den Block an der frischen Luft. Danach kehrt er konzentrierter und wacher an seinen Schreibtisch zurück.)

Rahmenbedingungen für Innovationen schaffen

Sein Team hat Sam ebenfalls zurückgemeldet, dass er sich positiv verändert habe. Er reagiere weniger schnell gereizt und sei ein aufmerksamer Zuhörer geworden. So fühlen sich seine Mitarbeiter ermutigt, mit ihren Ideen und Bedürfnissen auf ihn zuzukommen. Regelmäßig nimmt sich Sam Zeit, um mit seinem Team zu Mittag zu essen. Das Angebot ist freiwillig, aber selten verpasst jemand diese Möglichkeit. Die Stimmung ist dabei kollegial und lustig. Nebenbei tauscht man sich über neue Entwicklungen und Management-Tools der Branche aus. Sam ist stolz, dass seine »Mannschaft« zu den besten in der Branche gehört.

Meetings laufen heute fokussierter und damit auch zeitsparender ab. Smartphones und Laptops müssen dabei draußen bleiben. Dafür nimmt sich Sam am Anfang jeder Besprechung ein paar Minuten Zeit, um sich und sein Team einzustimmen, klare Regeln und Ziele zu formulieren sowie eine konstruktive, offene Atmosphäre zu schaffen. Neben sachlichen Analysen ist auch Raum für spielerische Zugänge. So konnten bereits einige innovative Lösungen für Probleme gefunden werden. Rechthaben und Schuldzuweisungen sind dagegen in den Hintergrund getreten.

Kaum zu glauben, aber wahr:
Effizienz und gute Laune im Meeting.

Selbst Sams Vorgesetzte haben inzwischen bemerkt, dass die Veränderungen, die er in seiner Führungsarbeit vorgenommen hat und die am Anfang durchaus für etwas Irritation gesorgt haben, viel Gutes bewirkt haben. Sie haben ihn gebeten, künftig auch die Besprechungen auf höchster Ebene mit einem kurzen Moment der Achtsamkeit einzuleiten.

Den Handlungsspielraum erweitern

(Als Sam wieder einmal an einem Freitagabend mit einer drohenden Deadline in der Folgewoche konfrontiert ist, nimmt er sich ein paar Minuten Zeit, um in sich hineinzuspüren und möglichst viele Optionen zu reflektieren. Er widersteht dem Impuls, einfach weiterzuarbeiten und sich mit Durchhalteparolen anzufeuern, denn er weiß inzwischen, dass er nicht wirklich produktiv oder kreativ ist, wenn er ausgepowert ist. Er spürt, dass sein Körper eine Pause braucht. Gleichzeitig ist ihm klar, dass er die Frist nicht einhalten kann, wenn er jetzt in den Feierabend geht.)

Nachdem Sam innerlich zu einem guten Kompromiss gefunden hat, ruft er zunächst seine Frau an. Sie erklärt sich dazu bereit, mit dem Abendessen eine Stunde länger zu warten. Im Gegenzug verspricht Sam, dass es nicht später als 20:00 Uhr wird.

Dann gönnt er sich einen kurzen, zügigen Spaziergang an der frischen Luft, bevor er sich noch einmal an den Schreibtisch setzt. Unterwegs erinnert sich Sam plötzlich daran, dass eine Kollegin bereits an einem ähnlichen Projekt gearbeitet hat. Zurück im Büro, ruft er sie sofort an und bittet um Unterstützung. Dank ihrer Erfahrungswerte kommt er an diesem Abend noch einen wichtigen Schritt weiter und kann um 19:30 Uhr mit einem guten Gefühl die Bürotür hinter sich schließen.

Zu Hause angekommen, isst er mit seiner Familie zu Abend und spielt danach noch mit seinen Kindern, bevor er sie ins Bett bringt. Währenddessen kommt ihm eine Idee, die er kurz notiert. Dabei sieht er, dass eine Mail von seinem Chef in der Mailbox landet. Gerade als er sie öffnen möchte, erinnert er sich daran, dass es ihm manchmal schwerfällt abzuschalten, wenn er so spät noch Nachrichten liest. Er entscheidet, dass ihm sein ruhiger Schlaf wichtiger ist und die Sache bis morgen warten können muss. Sam klappt seinen Laptop zu und verbringt die Abendstunden mit seiner Frau.
Bevor er einschläft, nimmt er noch fünf bewusste tiefe Atemzüge und ruft innerlich noch einmal auf, was an diesem Tag gut gelaufen ist. Er verspürt eine tiefe Dankbarkeit, bevor er in einen erholsamen Schlaf sinkt.

Achtsamkeit als Schlüsselkompetenz

Mag sein, dass Sie jetzt denken, wir übertreiben. Aber wir können Ihnen aus eigener jahrelanger Erfahrung versichern: Achtsamkeit kann Ihr Leben nachhaltig zum Positiven verändern.

Selbstverständlich ist das Salzburger Achtsamkeitsmodell, mit dem wir Sie vertraut machen möchten, kein Zaubertrank oder Allheilmittel. Wir alle bleiben damit konfrontiert, dass sich die Rahmenbedingungen, innerhalb derer wir heute arbeiten und leben, drastisch verändert haben. (Viele Experten stimmen aber darin mit uns überein, dass Achtsamkeit die Schlüsselkompetenz ist, um den Herausforderungen unserer Zeit konstruktiv und intelligent zu begegnen. Wenn die äußeren Bedingungen immer weniger Sicherheit und Klarheit bieten, dann gilt es, diese Qualitäten in uns selbst zu kultivieren) In kleinen Schritten können Sie so viel Gutes erreichen – ähnlich wie Sam. Auf den folgenden Seiten erklären wir Ihnen, wie er das geschafft hat und wie auch Sie sich Ihren Alltag als Führungskraft leichter machen können.

Key Messages

» Sam hat in seinem »neuen« Leben gesunde Routinen entwickelt, die ihm helfen, seinen Tag »gehirngerecht« anzugehen.

» Er hat gelernt, wie er sich selbst wieder zentrieren kann, und hat somit seinen beruflichen Handlungsspielraum erweitert.

» Er ist aus dem Hamsterrad ausgestiegen. Teambesprechungen laufen heute dank einer kleinen Übung zu Beginn fokussierter und effizienter ab.

Reflexionsfragen

- Gibt es in Sams »neuem« Leben etwas, das Sie besonders angesprochen hat?
- Was ist Ihnen im Leben eigentlich am wichtigsten? Wie zeigt sich das darin, wie Sie Ihr Leben derzeit führen? Wie zufrieden sind Sie damit?
- Angenommen, Achtsamkeit könnte Ihnen helfen, Ihren wichtigsten Grundwerten und Sehnsüchten wesentlich näher zu kommen: Wären Sie bereit, dafür jeden Tag zehn Minuten zu investieren?
- Notieren Sie sich ganz konkret, welche Grundwerte und Sehnsüchte das sind.

Sich und andere besser verstehen: das Salzburger Achtsamkeitsmodell (SAM)

Vom Strudelwurm zum Homo sapiens: der weite Weg unserer Gehirnentwicklung

Sam erfährt, was er manchmal schon geahnt, aber noch nie so deutlich nachvollzogen hat: Seine Führungsentscheidungen sind gar nicht so rational, wie er dachte. Ein Säugetier, ein Reptil und sogar ein Strudelwurm reden mit. Und das nicht zu knapp.

Als Sam seinen ersten »Mindful Leadership Workshop« besucht, erklärt der Trainer ihm ein paar interessante Zusammenhänge rund um das Gehirn und das menschliche Nervensystem. Als vernunftbetonter Manager geht Sam mit einer gewissen Skepsis in dieses Training, weil er immer noch befürchtet, dass die Achtsamkeitspraxis nichts für ihn ist und es dabei um »irgendwas Abgehobenes« geht. Aber schon nach kurzer Zeit hat er verstanden, dass es sich dabei vielmehr um eine Art Training fürs Gehirn handelt und viele Erkenntnisse der Neurowissenschaften die Wirksamkeit und Effektivität dieser uralten Praxis untermauern. So recht vorstellen konnte er sich unter dem Begriff »Achtsamkeit« nie etwas, deshalb war er froh über die einfache Arbeitsdefinition: »Mit ruhigem, klarem Geist aufmerksam und wohlwollend im gegenwärtigen Moment sein.«

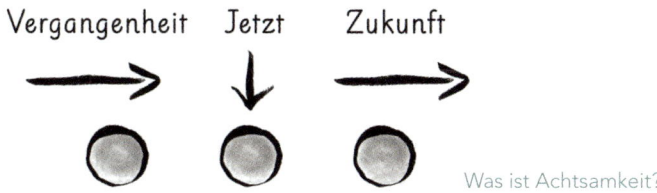

Was ist Achtsamkeit?

Das weckt seine Neugierde. Als Teenager hat er gerne Radios und Computer auseinandergebaut, um herauszufinden, wie diese funktionieren. Nun beginnt er sich für die »Verdrahtung« in seinem Kopf und Körper zu interessieren – und entdeckt Erstaunliches.

In den nächsten Abschnitten werden wir vereinfachen. Dabei konzentrieren wir uns auf wesentliche Erkenntnisse, die wir Ihnen mitgeben möchten, damit Sie sich selbst besser verstehen. Dafür benötigen Sie keine Doktorarbeit in Neurowissenschaften.

Manche Neurowissenschaftler unter unseren Lesern seufzen möglicherweise auf den nächsten Seiten. So agieren zum Beispiel die einzelnen Bereiche im Gehirn natürlich nicht getrennt voneinander. Ganz im Gegenteil: Der aktuelle Stand der Forschung unterstreicht, dass alle Teile des Gehirns eng miteinander vernetzt sind und intensiv kooperieren. Die genaue Verortung vieler Funktionen (zum Beispiel Kreativität, Schmerz) in einer einzigen Region des Gehirns hat sich als nicht haltbar erwiesen. Das faszinierende Organ in unserem Kopf funktioniert ungleich komplexer.

Und dennoch hat sich eine deutliche Vereinfachung dieser Zusammenhänge sehr bewährt, um die grundlegenden Prinzipien dahinter leicht verständlich und anschaulich vermitteln zu können. Und genau das ist unser Anliegen.

Umso wichtiger ist uns die Feststellung, dass die Ideen des Salzburger Achtsamkeitsmodells sehr sorgfältig auf Basis der aktuellen Forschungslage entwickelt worden sind und wir unzählige Stunden mit der Aufarbeitung der Literatur ebenso wie im Sparring mit renommierten Neurowissenschaftlern verbracht haben.

Denken, planen, analysieren: das Großhirn

Bestimmt haben Sie schon einmal ein Bild von einem Gehirn gesehen und dabei festgestellt, dass es ein wenig an eine Walnuss erinnert. Die vielen Falten und Windungen bilden den *Neokortex* (Großhirnrinde) – die äußerste Schicht des sogenannten Großhirns. Dabei handelt es sich, wie der Name verrät, um die größte Struktur des menschlichen Gehirns. Sie besteht aus zwei Hälften (Hemisphären), die durch ein Nervenbündel miteinander verbunden sind.

Das Großhirn: Dürfen wir vorstellen, unser Jüngstes.

Das Großhirn ist der jüngste Teil des Gehirns und jener, in dem wir uns am meisten von den Tieren unterscheiden. Hier sind die spezifisch menschlichen Funktionen unseres Gehirns angesiedelt: Das rationale, analytische, systematische Denken, unsere mathematischen und sprachlichen Fähigkeiten, aber auch unsere Vorstellungen von abstrakten Begriffen wie Zeit oder Moral verdanken wir dieser Struktur. Hinzu kommt die Begabung zu planen, Ideen und Visionen zu entwickeln, zu bewerten und zu strukturieren. Ohne diesen Teil gäbe es keine komplexen Bauvorhaben oder Produktionsprozesse, die vorab von A bis Z durchdacht werden müssen – mit allen Eventualitäten und Variablen.

Charakteristisch für uns Menschen ist auch, dass wir über das Denken selbst nachdenken können. Auch diese Fähigkeit ist im Großhirn angesiedelt. Genau wie unsere Befähigung zur Impulskontrolle. Beides wird etwas später noch für uns von Bedeutung sein.

Marie weiß mehr ...

... über die Gehirnhälften und ihre Rollen.

Marie geht den Dingen gerne auf den Grund. Immer wieder ist sie über die Theorie gestolpert, dass die linke Gehirnhälfte eher über die kognitiven Fähigkeiten und die rechte über die kreativen Teile unserer Persönlichkeit verfügt. Doch inzwischen gilt diese Sichtweise als veraltet.

Anhand von Studien an Patienten, deren Gehirnhälften nicht mehr miteinander verbunden sind, weil das verbindende Nervenbündel, der sogenannte »Balken« *(Corpus callosum)* durchtrennt wurde, konnte man zeigen, dass beide Gehirnhälften jeweils über einen eigenen Bewusstseinsstrom verfügen. Sie können sogar entgegengesetzte Absichten haben.

Dennoch lassen sich die beiden Teile nicht getrennt voneinander betrachten. Das Gehirn funktioniert als ganzes System, in dem alle Bereiche intensiv zusammenarbeiten. Wesentlich relevanter für die Funktionsweise des Gehirns ist daher die Unterscheidung in obere bzw. jüngere (zum Beispiel Neokortex) und untere bzw. ältere (zum Beispiel Stammhirn) Bereiche.

Ganz schön emotional:
das Säugetiergehirn im (Mittelhirn)

Diesen Teil haben wir mit allen Säugetieren gemeinsam. Hier lassen sich grob unsere Emotionen verorten – wie Freude, Wut, Ekel, Furcht, Verachtung, Traurigkeit und Überraschung (Basisemotionen nach Paul Ekman[8]). Sie haben die Funktion, uns zum Handeln zu bewegen (von lat. emovere, »herausbewegen«). Hier ist also auch unsere Motivation angesiedelt.

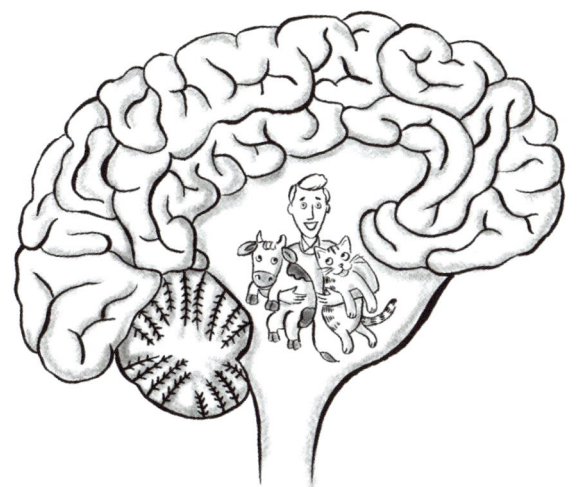

Der »Touch me, feel me«-Bereich: unser Säugetiergehirn

Eine wichtige Rolle bei der Entstehung von positiven und negativen Emotionen spielt das *limbische System*. Ihm verdanken wir zum Beispiel die emotionale Färbung von Erinnerungen – etwa wenn der Duft von Weihnachtsgebäck dafür sorgt, dass in uns Bilder aus der Kindheit und ein Gefühl von Geborgenheit aufsteigen. Genauso ist das limbische System involviert, wenn es um den tiefen Wunsch nach Verbundenheit mit anderen geht.

Die Alarmglocke unseres limbischen Systems ist der sogenannte »Mandelkern« *(Amygdala)*. Wenn Sie beim Wandern vor Schreck zur Seite springen, noch bevor Sie genauer untersuchen konnten, ob das Ding vor Ihnen auf dem Weg eine Schlange oder doch nur ein Stöckchen ist; oder wenn Sie Ihr Kind sofort von der Straße ziehen, weil Sie aus dem Augenwinkel etwas heranrasen sehen, was ein Auto sein könnte, dann war Ihre Amygdala an dieser unmittelbaren und manchmal lebensrettenden Reaktion beteiligt.)

Nur nicht gefressen werden: das Reptiliengehirn in Stamm- und Kleinhirn

Ein weiterer Teil unseres Gehirns ist sehr alt: Man findet ihn schon bei Reptilien.(Es ist das Stammhirn, in dem die basalen Funktionen des Körpers und unbewusste Prozesse reguliert werden. Also etwa die Vitalfunktionen wie Herzschlag, Atmung und Blutdruck. Aber auch unser Bedürfnis nach Schlaf, Nahrung und Sexualität.)

(Es ist besonders wichtig zu verstehen, dass dieser sehr alte Teil des Gehirns auf unser Überleben ausgerichtet ist.)Er scannt unentwegt unsere Umwelt und reagiert sehr sensibel auf Reize, die zum Beispiel unser Grundbedürfnis nach Sicherheit gefährden könnten.(Wenn nötig, sorgt das Kleinhirn – im Zusammenspiel mit dem limbischen System – dafür, dass unser Körper unmittelbar und ganz automatisch reagiert, also dass etwa die Amygdala Alarm schlägt und wir sofort loslaufen.)

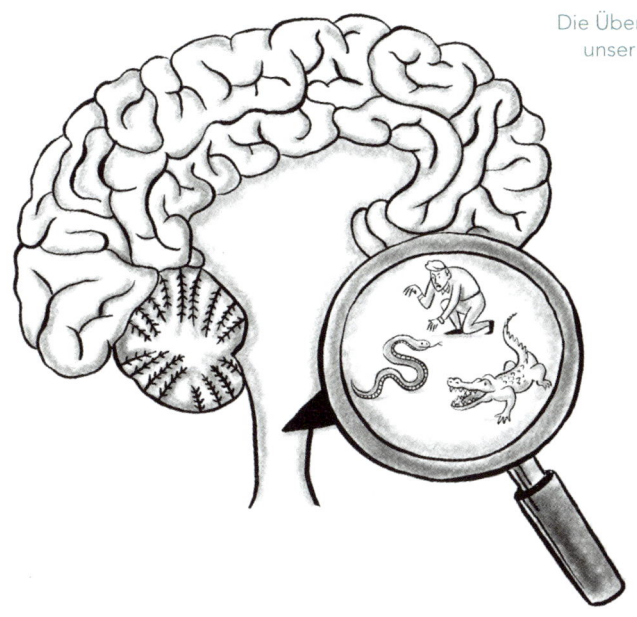

hier

Warum das Gehirn nicht nur im Kopf sitzt

Unser Stammhirn geht ins Rückenmark und dann in das periphere Nervensystem über. Es reicht in alle Regionen des Körpers und ermöglicht uns, zu fühlen und die Muskulatur zu koordinieren. Es sammelt sensorische Informationen wie Temperatur und Schmerz und lässt uns zum Beispiel mit Reflexen auf diese reagieren. Außerdem reguliert es viele komplexe Prozesse wie das Gleichgewichthalten, den Blutdruck und die innere Organtätigkeit. Auf den Punkt gebracht heißt das: Das periphere Nervensystem überträgt Informationen vom Gehirn in den Körper und von diesem zurück zum Gehirn.

Nur auf einen Teil des Nervensystems können wir willkürlich Einfluss nehmen, etwa um Muskeln zu aktivieren und uns zu bewegen. Ein anderer, autonomer Teil unterliegt nicht unserer unmittelbaren bewussten Kontrolle. Er steuert lebenswichtige

Prozesse wie Blutdruck und Verdauung. Macht man sich gelegentlich bewusst, welch tolle Arbeit unser Körper dabei tagaus, tagein für uns leistet, ohne dass wir uns darum »kümmern« müssen, können einen leicht Staunen und Dankbarkeit überkommen.

Das autonome Nervensystem hat zwei Anteile: den »Aktivitätsboss« *Sympathikus* und den »Entspannungschef« *Parasympathikus.* Das sympathische Nervensystem ist aktiv, wenn wir aktiv sind. Wenn es eine Herausforderung zu bewältigen gibt, dann sorgt es unter anderem dafür, dass Blutdruck und Puls steigen, die Durchblutung der wichtigsten Muskelgruppen und die Atemkapazität erhöht werden. Weniger wichtige Funktionen, wie zum Beispiel die Verdauung oder der Sexualtrieb, werden nun gedrosselt. Wenn wir eine Situation als stressig erleben, dann ist definitiv der Sympathikus involviert.

Wird dagegen der Gegenspieler, das parasympathische Nervensystem, aktiviert, dann ist das ein Zeichen für den Körper, dass Regeneration und Ruhe angesagt sind. Nun können wir auf physischer und psychischer Ebene Anspannung loslassen, unser Herzschlag und die Atmung beruhigen sich. Der Körper kümmert sich wieder um Verdauung und andere Prozesse, die in der Warteschleife hingen.

Damit wir als Menschen langfristig gesund bleiben können, braucht es eine Balance zwischen beiden Anteilen, zwischen aktiven und regenerativen Phasen. Wie Sie vielleicht schon vermuten, hält unser moderner Lebensstil häufig unseren Sympathikus aktiv, was nach einer Weile zu Schlaf- und Verdauungsstörungen, aber auch zu Ängsten und chronischer Unruhe führen kann.

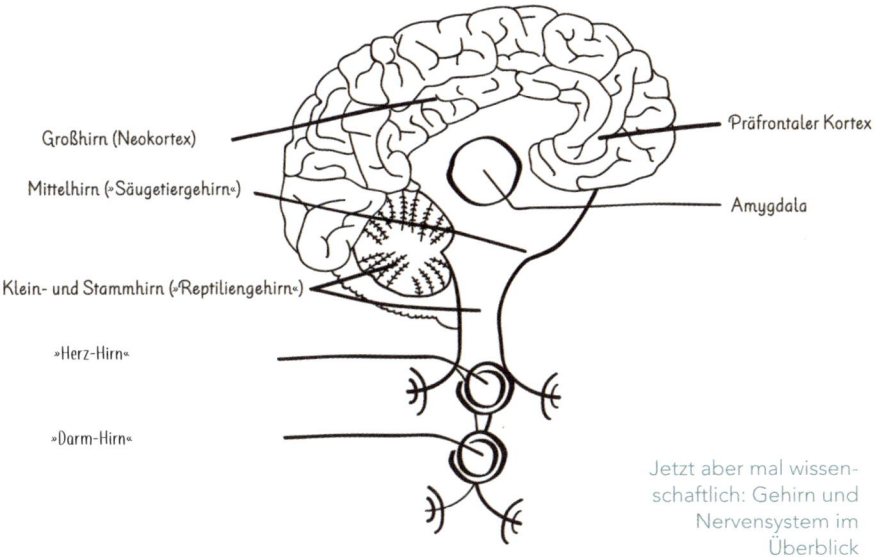

Großhirn (Neokortex)

Mittelhirn (»Säugetiergehirn«)

Klein- und Stammhirn (»Reptiliengehirn«)

»Herz-Hirn«

»Darm-Hirn«

Präfrontaler Kortex

Amygdala

Jetzt aber mal wissen-
schaftlich: Gehirn und
Nervensystem im
Überblick

Das Herz-Hirn redet mit

Besonders überraschend für Sam ist, dass auch unser Herz ein eigenes »Gehirn« hat. Natürlich hat auch er über die Jahre gelernt, dass es klug ist, gelegentlich auf sein Herz zu hören. Aber seit einigen Jahren bestätigt auch die Wissenschaft, dass es so etwas wie eine »Herzintelligenz« gibt. So hat man festgestellt, dass es dort ein eigenes neuronales System mit etwa 40 000 Nervenzellen gibt.

Dieses ist mit dem Kopf-Gehirn in regem Austausch, auch wenn uns das nicht bewusst ist. Besonders bemerkenswert ist, dass deutlich mehr Information von »unten« nach »oben« geschickt wird als umgekehrt. Wir hören also insgeheim mehr auf unser Herz, als wir vielleicht glauben.

Marie weiß mehr ...

... über die Erforschung des Herzens.

Höchst aufsehenerregende Forschungsergebnisse rund um das Thema Herzintelligenz hat Marie immer wieder beim kalifornischen »HeartMath Institute« entdeckt. Dort ist man inzwischen überzeugt, dass das Herz-Hirn sogar in der Lage ist, unabhängig von unserem Kopf-Gehirn Entscheidungen zu treffen und sich an Erfahrungen zu erinnern.

Da die Forschungsergebnisse des Instituts allerdings nicht dem *Peer-Review-Verfahren,* das der Qualitätssicherung im Wissenschaftsbetrieb dient, zur Verfügung gestellt werden, können sie nicht als wissenschaftlich bewiesen bezeichnet werden; interessant findet sie Marie aber trotzdem.

Eine eigene Disziplin widmet sich inzwischen der Erforschung von Zusammenhängen zwischen Psyche und Herz: die *Psycho-Kardiologie.* Unter anderem konnte bereits belegt werden, dass heftige seelische Belastungen wie ein Todesfall, eine Trennung oder schwere Konflikte zum sogenannten »Broken-Heart-Syndrom« führen können. Das ist genauso lebensbedrohlich wie ein klassischer Herzinfarkt. Schätzungen zufolge handelt es sich bei 3 bis 5 Prozent aller vermeintlichen Herzinfarkte eigentlich um ein »Broken-Heart-Syndrom«.* Dass inzwischen ein Zusammenhang zwischen bestimmten psychischen Erkrankungen wie Depressionen und Erkrankungen des Herzens erwiesen ist, erstaunt Marie.

---

* Hier sind v. a. die Studien des Wissenschaftlerteams unter Leitung des Kardiologen Priv.-Doz. Dr. Ingo Eitel am Universitären Herzzentrum Lübeck interessant. Vgl. z. B. http://dgk.org/daten/1-Eitel-Tako-Tsubo.pdf

Daumen hoch oder Daumen runter:
Signale aus dem Bauch-Hirn

Auch wenn es uns der Volksmund seit jeher nahegelegt hat, unserem Bauchgefühl zu vertrauen, haben wir Menschen die tieferen Etagen unseres Körpers lange unterschätzt. Inzwischen wissen wir aber, dass auch im Darm ein hochkomplexes »Gehirn« sitzt: Das *enterische Nervensystem,* das aus einem Netzwerk von 400 bis 600 Millionen Nervenzellen besteht (das sind ähnlich viele Neuronen wie im Rückenmark). Es fungiert als Steuerungszentrale für diese Region und arbeitet mit den gleichen Botenstoffen wie das Gehirn, zum Beispiel *Dopamin* und *Serotonin.* Weil seine Aufgaben so komplex sind und eine unglaubliche Menge von Informationen verarbeitet werden muss (vor allem durch die Arbeit unseres größtenteils im Darm angesiedelten Immunsystems), kann das Bauch-Gehirn unabhängig vom zentralen Nervensystem agieren. Über die sogenannte »Darm-Hirn-Achse« tauscht das Verdauungssystem laufend Informationen mit dem Kopf-Gehirn aus. Wobei nur 10 Prozent der Nerven vom Gehirn zum Darm ziehen – und die anderen 90 Prozent in die umgekehrte Richtung. Wieder geht der weitaus größte Teil der Informationen im Körper von »unten« nach »oben«.[9]

Marie weiß mehr ...

... über die Existenz von Depri-Bakterien.

Ein Zusammenhang, für den sich sowohl Marie als auch die Wissenschaft derzeit besonders interessiert, ist jener zwischen dem *Mikrobiom* (d.h. der Darmflora) und unserer Psyche. Immer mehr Studien weisen darauf hin, dass die

Bakterien in unserem Darm einen Einfluss auf unser Gefühlsleben und Verhalten haben könnten. Sogar ein Zusammenhang mit Erkrankungen wie Depressionen, Parkin-
son u. a. wird vermutet.[10]

Da unser Darm-Hirn evolutionär betrachtet sehr alt ist, funktio-
niert es im Grunde immer noch wie bei einem sehr einfachen
Vorfahren, dem Strudelwurm[11]. Der kennt nur zwei einfache
Wahrnehmungsebenen, an denen sich sein Verhalten orientiert:
»Oh, da ist etwas hell / gut / interessant / vielleicht verdaubar – nix
wie hin!« und »Aha, da ist etwas dunkel / schlecht / gefährlich /
vielleicht möchte es mich verdauen – nix wie weg!«
Ähnlich simpel und zugleich klar sind die Anweisungen, die wir
aus unserem Bauch bekommen. Er liefert uns keine komplexen
Erklärungen, sondern signalisiert in der Regel: Ja – Daumen
hoch! Nein – Daumen runter!

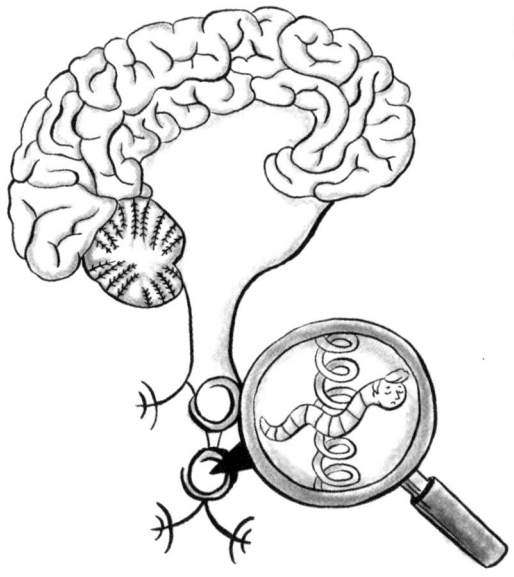

Die bucklige Verwandtschaft:
der Strudelwurm in uns

Reflexionsfragen

• Wann schlägt bei Ihnen der evolutionäre Teil Ihres Gehirns an? Erinnern Sie sich an Situationen?

• Haben Sie schon einmal die Erfahrung gemacht, dass das »Bauch-Hirn« sich meldet – und vielleicht eine andere Meinung vertritt als das »Kopf-Hirn«?

• Wie sieht es mit Ihrer Balance zwischen An- und Entspannung aus?

Drei Systemebenen in unserem Inneren:
zwei ungleiche Partner und ihr Dolmetscher

Im folgenden Abschnitt ist Sam überrascht über die Erkenntnis, dass zwei wichtige Player in ihm aktiv sind, die oft unterschiedlicher Meinung sind und für die ein Dolmetscher gebraucht wird. Ihm wird klar, warum er in seiner Führungsarbeit manchmal wie ein Steinzeitmensch reagiert und wie er das ändern kann.

Grundsätzlich gibt es zwei Systeme in uns:

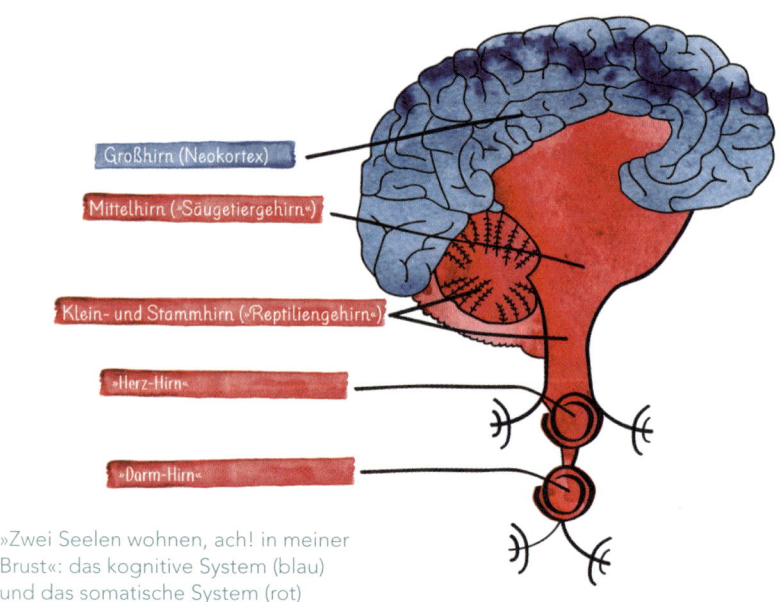

Großhirn (Neokortex)

Mittelhirn (»Säugetiergehirn«)

Klein- und Stammhirn (»Reptiliengehirn«)

»Herz-Hirn«

»Darm-Hirn«

»Zwei Seelen wohnen, ach! in meiner Brust«: das kognitive System (blau) und das somatische System (rot)

1. Denken: das kognitive System

Den Neokortex mit den Fähigkeiten, die wir im vorigen Kapitel besprochen haben, bezeichnen wir im Weiteren als *kognitives System* oder einfach als »Denken«. Es umfasst rationale, analytische Vorgänge, mathematische Fähigkeiten, Sprache, Impulskontrolle, planvolles Denken und Handeln etc.

Unser kognitives System ist auch der innere Ort, an dem wir über die Vergangenheit grübeln oder uns die Zukunft vorstellen können. Das alles gehört zu den einzigartigen Stärken unserer Spezies – bringt aber im Alltag auch ordentliche Schwierigkeiten mit sich. In allen Abbildungen in diesem Buch bekommt das kognitive System die Farbe Blau zugeordnet.

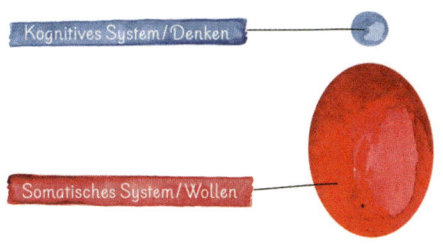

Kognitives System / Denken

Somatisches System / Wollen

»Zwei Seelen, ach! in meiner Brust«, vereinfacht: das kognitive System (blau) und das somatische System (rot)

2. Wollen: das somatische System

Den ganzen großen Rest fassen wir als *somatisches System* zusammen – also alle evolutionär älteren Bereiche des Gehirns und Nervensystems: Stammhirn, Herz- und Bauch-Hirn, limbisches System. Hier sitzen unsere Intuition und Vitalität, Emotionen, Motivation, Kraft, Instinkte und Triebe, Lebensfreude und Kreativität.

Wenn wir das somatische System im Weiteren oft auch kurz als »Wollen« bezeichnen, dann meinen wir damit nicht die guten Vorsätze unseres kognitiven Systems wie »Ich will mehr Sport machen!« oder »Ich will dieses Jahresziel erreichen«. Dem dann mit viel kognitiver Kontrolle verbissen hinterherzulaufen und sich eisern zu disziplinieren, verwechseln viele Menschen mit Willenskraft.

Wir meinen mit Wollen die tieferen, lebendigen Impulse unseres Systems.

Somatisch kommt vom altgriechischen *Soma*, was Körper bedeutet. Diese älteren Hirnbereiche sind also alle viel unmittelbarer mit unserer Hardware verdrahtet als der Neokortex. Rot in den Abbildungen dieses Buchs bedeutet: Hier geht es ums somatische System, ums Wollen.

Kognitives und somatisches System sind in ihrer Funktionsweise verdammt unterschiedlich. Mehr dazu haben Sie möglicherweise schon im vorigen Kapitel gelesen. Dennoch sind sie Ihr Leben lang auf Gedeih und Verderb aufeinander angewiesen. Nur wenn sie einigermaßen erfolgreich miteinander kooperieren, werden Sie Ihr Leben längerfristig gut meistern können.

Wie wir aber aus anderen Lebensbereichen wissen, ist die Zusammenarbeit in Partnerschaften oft nicht ganz einfach. Schon gar nicht in lebenslangen …

Das beginnt schon mit der Frage, wer denn in der Beziehung eigentlich die »Hosen anhat«. Was würden Sie vermuten: das kognitive System oder das somatische?

Sam – wie übrigens rund die Hälfte aller Teilnehmenden in seinem Achtsamkeitstraining – ist sich sicher: Der Chef in dieser Partnerschaft ist doch wohl das vernünftige, sprachbegabte, ordentliche kognitive System.

Und damit liegt er nach aktuellem neurowissenschaftlichen Forschungsstand grundfalsch:

Tatsächlich fallen alle wesentlichen Entscheidungen unseres Daseins im somatischen System. Millisekunden später wird dann das kognitive System darüber informiert. Und sobald es informiert ist, erfüllt es auch gleich zwei Funktionen:

1. Pressesprecher: Das kognitive System findet gute, rationale Gründe, warum wir uns jetzt gerade so entschieden haben. Bei Sams letztem Autokauf waren das die erhöhte Sicherheit, der Wiederverkaufswert, die Emissionswerte und so weiter.

2. Projektmanager: Das kognitive System entwickelt einen Maßnahmenplan, um möglichst alles in die Wege zu leiten, was jetzt erforderlich ist, um die Entscheidung in die Tat umzusetzen.

Ein Chef mit langem Atem und sein größenwahnsinniger Projektmanager

(Wenn die Zusammenarbeit allerdings so einfach wäre, hätten wir vermutlich eine Menge Probleme weniger. Die beginnen zum Beispiel damit, dass das kognitive System gegen Entscheidungen aus dem somatischen so etwas wie ein temporäres Veto einlegen kann.)

Sam hat beim Autokauf durchaus mit sich gerungen, und um ein Haar hätte er sich für eine andere Marke entschieden – und dabei viel Geld gespart. Beim letzten Familienurlaub hat er das auch getan. Aber auch das hatte wieder seinen Preis.

(Ein Veto gegen unsere somatischen Impulse einzulegen ist oft definitiv die bessere Idee, als Ihnen blind nachzugeben. Der Nachteil ist jedoch, dass so ein Veto erstens ziemlich viel psychische Energie und Anstrengung erfordert. Außerdem sitzt das somatische System langfristig immer am längeren Hebel.) Doch dazu später mehr.

Die Zusammenarbeit wird auch dadurch kompliziert, dass unser kognitives System zwar de facto nur Pressesprecher und Projektmanager mit Vetorecht ist, tatsächlich aber vom völligen Gegenteil überzeugt ist: Wenn hier einer das Sagen hat, dann doch wohl es selbst.

Dieses ganze emotionale, schwer greifbare, irrationale Gefühlszeug des Somatischen ist zwar irgendwie auch da, aber oft genug lästig und definitiv unserem Verstand untergeordnet. So zumindest hat Sam bisher gedacht. Und damit ist er nicht allein.

Zu dumm, dass diese maßlose Selbstüberschätzung des kognitiven Systems auch zu einem entsprechend geringschätzigen Umgang mit dem Boss führt. So muss der oft ziemlich massiv werden, bis der junge Mitarbeiter endlich mitbekommt, wie sehr er sich wieder einmal vergaloppiert hat. Einer modernen, partnerschaftlichen Führungszusammenarbeit dient das nicht wirklich.

(Kooperation braucht eine gemeinsame Sprache: Dolmetscher gesucht)

Die Verständigung zwischen den beiden Systemen stellt uns schon vor eine erste Herausforderung. Die Selbstüberschätzung unseres kognitiven Systems liegt ja nicht zuletzt daran, dass es sprachbegabt ist – im Unterschied zu seinem sehr viel älteren somatischen Partner, der schon in unserem evolutionären Gepäck war, als wir nicht viel mehr artikulieren konnten als ein paar grunzende Urlaute.

Wenn das somatische also nicht im Sinn von Vokabeln und Grammatik sprechen kann, wie soll es sich dann jemals unserem sprechenden kognitiven System mitteilen?

Wenn unser somatisches System erkennt, dass eine Situation potenziell lebensbedrohlich ist, und unsere Amygdala wie verrückt feuert, dann setzt das eine Unmenge innerer Prozesse in Gang, von denen wir rein gar nichts bewusst mitbekommen. Zum Glück für uns! Unser Cortisolspiegel steigt, ebenso unser Blutzuckerspiegel, unser Muskeltonus und unsere Herzfrequenz. Aus unserem Verdauungssystem und aus unserem Neokortex wird Energie abgezogen. Schließlich soll sich unser ganzer Organismus ja auf eines fokussieren: Überleben per Kampf oder Flucht.

(Das *sensorische System*: Zwischen Denken und Wollen vermittelt das Fühlen

Auch wenn wir auf unsere Hormonausschüttung und unsere Herzfrequenz keinen direkten Zugriff haben, so *fühlen* wir davon doch eine ganze Menge. Und genau darin liegt der Schlüssel zur Achtsamkeit: Unser Fühlen gibt uns Aufschluss über den Status und die Bedürfnislage unseres somatischen Systems.

»Fühlen« beinhaltet:

- unsere Körperwahrnehmung (also beispielsweise, dass wir unseren flachen Atem spüren, unsere verkrampften Schultern oder den Schweiß, der uns die Stirn herunterläuft),

- unsere Sinneswahrnehmung (was wir zum Beispiel riechen, schmecken, tasten, sehen, hören, wie wir uns im Raum fühlen, unser Gleichgewichtssinn etc.),
- unsere Emotionen, wie etwa Angst und Wut, aber auch Freude, Liebe, Mitgefühl.

Wann immer Sie in einer Abbildung die Farbe Grün entdecken, wissen Sie ab jetzt: Hier geht es um das sensorische System!

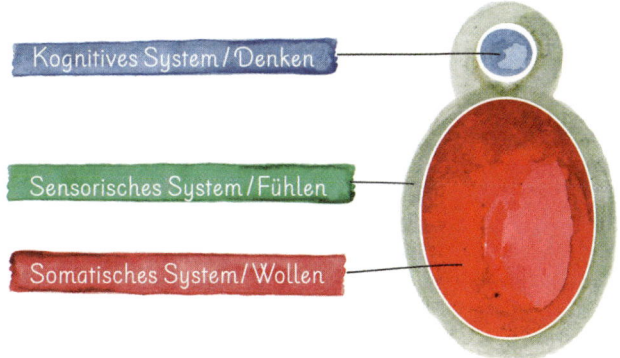

Kognitives System / Denken

Sensorisches System / Fühlen

Somatisches System / Wollen

»Zwei Seelen, ach! in meiner
Brust« mit Dolmetscher

Der präfrontale Kortex und die Insula

Vieles deutet darauf hin, dass all diese Informationen aus unserem sensorischen System (also allem, was mit Fühlen zu tun hat) in einer bestimmten Region unseres Gehirns wie in einem Hub zusammenlaufen:

Dan Siegel beschreibt, wie der präfrontale Kortex* – und nach neuester Forschung wohl auch die Insula – als Knoten- und Sammelpunkt in jedem Augenblick unseres Lebens so etwas wie eine Landkarte zur Verfügung stellt, in der alle Körper- und

---

* Der präfrontale Kortex hat noch zahlreiche weitere Funktionen. Die »sensorische Landkarte« ist in unserem Zusammenhang aber die relevanteste.

Sinneswahrnehmungen in ein Gesamterleben integriert werden: »Mensch, so fühlt es sich jetzt in diesem Moment gerade an, du selbst zu sein.«

Das hat viel mit unserem Selbstgefühl zu tun – also auch unserer Vorstellung von einem »Ich«. Bemerkenswert ist, dass genau damit auch die Fähigkeit verbunden ist, sich in andere Menschen empathisch hineinzuversetzen. Auch dazu später mehr.

Die Landkarte, die uns unser sensorisches System zur Verfügung stellt, ist immer da. Die Frage ist, ob wir sie nutzen. Wenn wir das tun, dann hat das kognitive System hier alle Informationen kompakt beisammen, die es braucht, um seine somatischen Partner im Sinn einer optimalen gemeinsamen Selbststeuerung zu verstehen.
Dass uns der Zugriff auf diese Landkarte oft verloren geht und warum er so wichtig ist, davon handeln die nächsten Kapitel.

Reflexionsfragen

• Jeder Mensch hat seine Vorlieben und Muster, welche Ebene ihm besonders wichtig erscheint. Sehen Sie sich mehr als Kopf-, Bauch- oder Gefühlsmensch?

• Ist das in verschiedenen Lebensbereichen eher unterschiedlich oder eher konsistent?

• Wie gut verstehen sich Ihr kognitives und Ihr somatisches System? Wann haben sie sich in der letzten Zeit eher wohlwollend gegenübergestanden? Wann waren sie uneins? Wie hat sich das ausgewirkt?

Produktiv statt ausgebrannt:
die Zone der optimalen Leistungsbereitschaft

Als Sam die Stresskurve kennenlernt, wird ihm zum ersten Mal bewusst, wie er sich selbst immer wieder über seinen optimalen Leistungspunkt hinaustreibt und was er in Zukunft ändern kann, um wirklich produktiv zu arbeiten. Sam haben diese Überlegungen dabei geholfen, sein Selbstmanagement und seine Lebensqualität entscheidend zu verbessern.

Jetzt sitzt Sam im »Mindful Leadership Training«, und der Trainer zeichnet zwei Achsen auf das Flipchart:

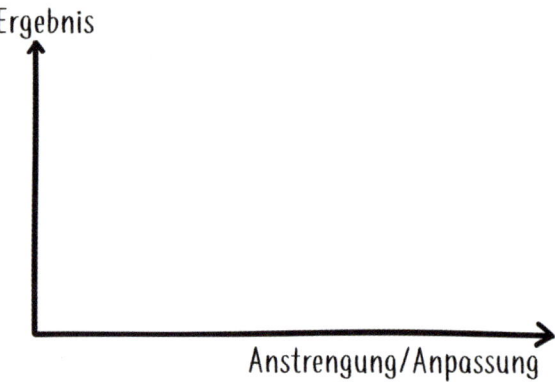

Zwei Faktoren, die jede Führungskraft interessieren sollten ...

Der Trainer berichtet, dass der Zusammenhang zwischen den beiden Faktoren »Anstrengung« und »Ergebnis« erstmals im Jahr 1908 an der Universität Harvard beschrieben wurde, und zwar von den beiden Psychologen Robert Yerkes und John Dodson. Die Studie der beiden hält heutigen wissenschaftlichen Kriterien zwar nicht mehr stand, dennoch wurde die nach ihnen benannte Yerkes-Dodson-Kurve breit rezipiert und hat viele weitere wichtige Untersuchungen angeregt. Statt Anstrengung passen für manche Zusammenhänge die Begriffe »Anspannung« oder »Einsatz«, statt »Ergebnis« kann man auch »gewünschte Resultate« oder »Output« einsetzen.

Die einfache Grundüberlegung von Yerkes und Dodson hat sich seit 1908 immer wieder in Theorie und Praxis bestätigt.

Mehr bringt mehr!

Auf die Frage des Achtsamkeitstrainers, wie diese beiden Faktoren Anstrengung und Ergebnis wohl zusammenhängen, ist Sam um die Antwort nicht verlegen:

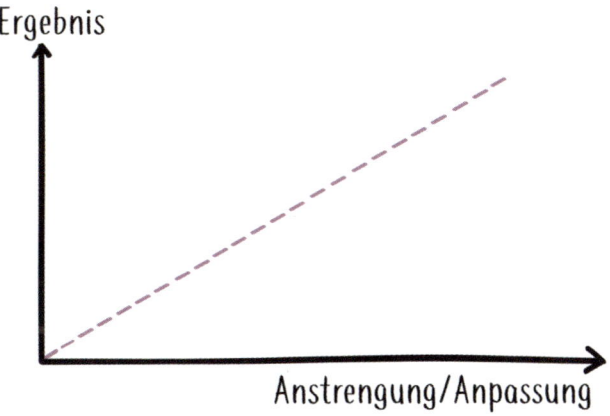

Sams Überlegung, wie diese Faktoren wohl zusammenhängen (»Mehr bringt mehr!«)

Sein Motto lautet seit vielen Jahren: »Work hard, play hard!« Er war immer der Meinung, dass diejenigen am erfolgreichsten sind, die am härtesten und am meisten arbeiten. Leistungsfähigkeit bedeutet für ihn, Überstunden als normal anzusehen, immer zu funktionieren und sich auch von einer Erkältung oder Kopfschmerzen nicht beeindrucken zu lassen. Schon in seiner

Kindheit hat er den Spruch gelernt: »Von nix kommt nix.« Und wenn ihm einmal etwas nicht gelungen ist, hat es schnell geheißen: »Na, beim nächsten Mal streng dich mal mehr an.« Dementsprechend dachte Sam immer, dass mehr Einsatz zu einem besseren Ergebnis führt.

Ein Achtsamkeitstraining voller
Überraschungen

Von der tatsächlichen Lösung ist er dann aber doch überrascht: Ja, zu Beginn bringt mehr tatsächlich mehr. »Sein« Lösungsansatz und der tatsächliche Kurvenverlauf beginnen beide ganz links unten. Von nichts kommt nichts. Tiefenentspannt den ganzen Tag im Bett zu liegen und darauf zu warten, dass uns das Universum die Reichtümer des Daseins an die Bettkante bringt, klappt nicht. Darin sind sich Sam, der Trainer und alle anderen im Raum einig. Immerhin! Wir müssen offensichtlich unseren Hintern hochbekommen und in eine gewisse Anspannung und Aktivität kommen, um etwas zu erreichen.

Irgendwann gelangen wir in einen Bereich, in dem Leistung und Ergebnis in einem besonders günstigen Verhältnis stehen. Da sind wir produktiv und effizient.

Dann aber, und das ist es, was Sam zu denken gibt, kommt ein Punkt, an dem das Ganze kippt und die Kurve wieder nach unten geht: Ab hier wird die Anstrengung zwar größer, das Ergebnis aber immer kleiner. Je mehr wir die Anstrengung danach erhöhen, desto kümmerlicher wird unser Output, bis irgendwann trotz maximaler Anspannung gar nichts mehr geht. Burnout heißt der Modebegriff für den Kreuzungspunkt der Kurve mit der X-Achse. »Langfristig«, erinnert sich Sam, »sitzt unser somatisches System immer am längeren Hebel.«

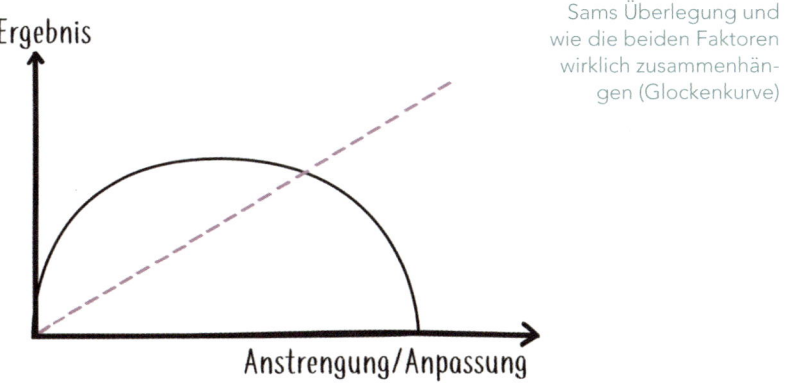

Ergebnis

Anstrengung/Anpassung

Sams Überlegung und wie die beiden Faktoren wirklich zusammenhängen (Glockenkurve)

Die Zone der optimalen Leistungsbereitschaft

Die Kurve veranschaulicht, dass es für jeden Menschen einen individuellen Bereich gibt, in dem er optimale Ergebnisse und beste Leistungen erzielen kann. Sie weist uns aber auch darauf hin, dass die tief in vielen von uns verankerte Überzeugung, wir könnten Einsatz und Ergebnis endlos nach oben schrauben (mehr bringt immer mehr), ein Irrtum ist. Ein Irrtum, der uns nicht nur irgendwann unproduktiv macht, sondern uns im schlimmsten Fall die Gesundheit kostet. Es gilt also, unsere Ressourcen intelligent und im richten Maß einzusetzen, anstatt endlos zu »powern«.

Im Flow sind wir gut und glücklich

Bestimmt haben Sie schon den Begriff »Flow« gehört. Er beschreibt wunderbar diese optimale Zone der Leistungsfähigkeit. Der ungarische Psychologe und bekannteste Flow-Forscher Mihaly Csíkszentmihályi hat diesen Begriff geprägt. Beschrieben haben dieses Phänomen bereits andere vor ihm, aber er hat es weltbekannt gemacht.

Nach Csíkszentmihályi erleben wir Flow, wenn das Verhältnis zwischen den persönlichen Fähigkeiten und den Herausforderungen einer Aufgabe ideal ist.[12] Rechts und links davon drohen Langeweile oder Überforderung. Sind wir aber »im Flow«, dann sind wir ganz im Moment und bei unserem Tun, vergessen Zeit und Raum, können unsere Kompetenzen und Talente fast mühelos abrufen, sind kreativ und erzielen hervorragende Ergebnisse.

Im Sport ist es ähnlich

Sam, der während des Studiums viel Sport gemacht hat, erinnert sich beim Anblick der Yerkes-Dodson-Kurve an die Einheiten mit seinem Trainer: Der hat ein bestimmtes Maß an Einsatz verlangt, weil er wusste, dass seine Mannschaft nur mit ausreichendem Training die gewünschten Leistungen erbringen kann. Muskulatur muss beansprucht und gefordert werden, um optimal zu funktionieren. Wer seine Grundlagenausdauer verbessern möchte, muss Zeit in Ausdauertraining investieren. Wer aber zu viel trainiert und keine Regenerationszeiten einplant, landet im Übertraining. Seine Muskulatur übersäuert, er wird müde und verletzungsanfälliger. Die optimale Leistung kann nicht mehr abgerufen werden.

Auch Flow kennt Sam bisher vor allem aus dem Sport: das Gefühl, wenn ein Team harmonisch zusammenspielt und jeder Spielzug ganz mühelos – fast wie magisch – »aufgeht«. Wenn es nicht mehr so sehr ums Gewinnen geht, sondern um die pure Lebendigkeit und Freude, die man in diesem Moment gemeinsam erlebt.)

Manchmal hat er auch beim Lauftraining einen richtig guten Tag und kann seine Leistung voll abrufen, ohne sich sehr anstrengen zu müssen. »Es läuft« dann einfach. (Dann fallen auch alle Gedanken an die Arbeit oder Sorgen von ihm ab, und er ist ganz im Hier und Jetzt, spürt den Wind auf der Haut und die Kraft in seinen Muskeln.) Manchmal fühlt es sich dann fast so an, als könne er ewig weiterjoggen.

Ein hübsches Modell –
aber wie übersetzen wir es in die Praxis?

Nach einigen Überlegungen leuchtet es Sam also völlig ein, dass es so etwas wie eine »Zone der optimalen Leistungsfähigkeit« gibt. Dann taucht aber sofort die nächste Frage auf: Wenn es derart wichtig für unsere Performance ist, dass wir das richtige Maß finden und einen bestimmten Punkt nicht überschreiten: Woran erkennen wir dann, in welchem Bereich der Kurve man sich gerade befindet? Kann man verhindern, dass man über den kritischen Punkt kommt, und wie gelingt das?

»You can't manage what you can't measure«, ist ein Grundsatz, den er gut verinnerlicht hat: Wenn das Modell praxisrelevant sein soll, brauchen wir einen Anhaltspunkt dafür, wo wir uns im Kurvenverlauf befinden.

Der Technikfan in ihm wünscht sich eine Art Instrumentarium, das klare Signale gibt: ein grünes Lämpchen, das anzeigt, wenn er sich im idealen Modus befindet. Ein rotes Lämpchen, das sofort – vielleicht begleitet von einem unüberhörbaren Alarmton – davor warnt, wenn er sich zu sehr und unnötig verausgabt. Aber natürlich findet Sam solche Lämpchen nicht an seinem Körper.

Plötzlich dämmert es einem Teilnehmer im Achtsamkeitstraining: ｢Ja, natürlich bekomme ich es manchmal mit, ob ich in der Zone der optimalen Leistungsbereitschaft bin oder schon längst auf dem ›Highway to Hell‹ in Richtung Burn-out. Mein Kopfweh ist ein verlässliches Signal dafür.« »Bei mir die Konzentrationsschwäche«, wirft ein anderer ein. »Gereiztheit«, »Heißhunger«, »Appetitlosigkeit«, »Schlafprobleme«｣ Schnell kommen eine ganze Menge von Signalen zusammen, die wir alle kennen.

Ein Stück weit ist das Signalsystem bei jedem Menschen unterschiedlich. Bei Sam sind es beispielsweise die Atemwege, die sich frühzeitig melden, wenn er die optimale Zone für längere Zeit verlassen hat. Er hustet dann und bekommt irgendwann eine Erkältung. Bei anderen ist es das Verdauungssystem, bei vielen der Rücken. Die Grundlogik aber ist bei allen dieselbe: ｢Wann immer wir Menschen die Zone optimaler Leistungsfähigkeit verlassen und sich die Kurve abwärts zu neigen beginnt, versucht unser somatisches System, uns dies zu signalisieren.｣ Es tut das im Sinne eines evolutionär bestens bewährten Zusammenspiels für optimales Selbstmanagement und in bester Absicht: »Hey, liebes kognitives System! Ich bin's, dein Kopfschmerz, deine Schulterverspannung, dein nervöser Tic, …! Das ist ein freundlicher Reminder: Mehr desselben hilft uns jetzt nicht weiter. Lass uns einen Augenblick innehalten und schauen, was wir als Team jetzt brauchen.«

Wie unser kognitives System mit diesem freundlichen Reminder umgeht, entscheidet jetzt vieles. Im Wesentlichen gibt es hier zwei Strategien: eine, die heute noch in den meisten Organisationen verbreitet ist, und eine, der die Zukunft gehört. In den nächsten zwei Kapiteln sehen wir uns diese Strategien an.

Reflexionsfragen

• Welche Signale nutzt Ihr persönliches individuelles somatisches System, um Sie auf Änderungsbedarf hinzuweisen?

• Was sind Ihre »Lieblingssymptome« – diejenigen, die sich als Erstes melden, oder auch diejenigen, die am lästigsten und hartnäckigsten sind?

• Wie gehen Sie damit um?

Die Strategie der Angst: fehlgeleitete Selbstdisziplin

Nachdem Sam die Zone der optimalen Leistung kennengelernt hat, erfährt er nun, warum Selbstdisziplin auch schädlich sein kann und wie er sich und seiner Führungsleistung damit sogar langfristig schadet.

Der Kampf wird verbissener

Wenn sich Sams somatisches System mit Symptomen und Signalen der Überlastung meldet, aktiviert er im Normalfall seine Selbstdisziplin: Er »reißt sich am Riemen«, »beißt die Zähne zusammen« und powert weiter.

Die Signale unterdrückt er mit aller Macht. Auch wenn ihm das gar nicht bewusst ist: Sein kognitives System tut das aus Angst davor, dass es etwas verändern müsste, wenn es diese unangenehmen Signale ernst nähme.

Freundlicherweise greift Sams Körper in der Regel gar nicht sofort in die Schmerzkiste. Doch erste Signale gibt er schon lange davor. Vielleicht ist es ein leichtes Ziehen in der Bauchgegend, (innere Unruhe) oder ein zusammengebissener Kiefer. Sams somatisches System hat aber gar keine Chance, damit durchzukommen. Frühwarnsignale sind seine Sache nicht.

Irgendwann meldet sich sein Körper dann etwas kräftiger: »Hey, Sam! Ich bin's, dein (verspannter Nacken,) (dein Halsschmerz,) (deine Erschöpfung.) Das ist ein freundlicher Reminder im Sinn unseres gemeinsamen Selbstmanagements.«

Sein kognitives System reagiert dann definitiv noch immer nicht mit einer freundlichen Geste und sagt: »Wow, danke, wir finden eine Lösung.«

Vielmehr hat Sams kognitives System gut gelernt, diese lästigen Signale wegzudrücken und so lange zu ignorieren, wie nur möglich. Kaffee hilft ihm dabei ebenso wie der Griff in die Medikamentenschublade.

Das hilft tatsächlich. Kurzfristig. Gerade so lange, wie das somatische System braucht, um sinnbildlich in den Keller zu gehen und dort ein paar Gewichte zu stemmen. Wenig später ist es zurück. Kräftiger – und variantenreicher denn je. Zum Halsschmerz kommen bei Sam dann manchmal (Gliederschmerzen) oder ein (verspannter Rücken) – wenig später dann die (Schlafprobleme.)

Wegdrücken, den ganzen Mist aus dem somatischen System, der da nach oben will

Der Kampf zwischen den beiden ungleichen Partnern wird immer verbissener. Eine Seite, die sich immer verzweifelter Gehör verschaffen will, und eine andere, die immer mehr psychische Energie, Ablenkungsstrategien und Hilfsmittel braucht, um dem überfälligen Gespräch auszuweichen und die unangenehme Botschaft nicht zu hören: »Zeit für eine Kurskorrektur! Mehr desselben hilft uns nicht. Beiden nicht. Nicht unserer Gesundheit, nicht unserer Lebensqualität und auch nicht unserer Leistung.«

Sam ist geübt darin, diesen Kampf lang und leidvoll zu führen – so wie viele Führungskräfte, die wir kennen. Er powert durch, solange er irgendwie kann. Verdoppelte Anstrengung, Durchhalteparolen, Kaffee und in Spitzenzeiten auch mal ein Energydrink (andere Substanzen kommen nach unserer Erfahrung meist erst auf höheren Managementebenen zum Einsatz). Abends vor dem Einschlafen dann ein wenig Alkohol, Fernsehen, Internet, ein leichtes Einschlafmittel.

Das Dumme dabei ist: Der Kampf ist nicht zu gewinnen. Das Somatische – Sie erinnern sich – sitzt am längeren Hebel. Immer wieder gewinnen wir aber zumindest eine Schlacht. Mit schier übermenschlicher Anstrengung hat Sam gerade letzte Woche eine Deadline doch noch geschafft, die schon unhaltbar erschienen war. Das hat ihn darin bestätigt: Es geht doch!

Den Preis, den er dafür zahlt, blendet er aus. Auch das ist heute in den meisten herkömmlichen Unternehmen noch Standard.

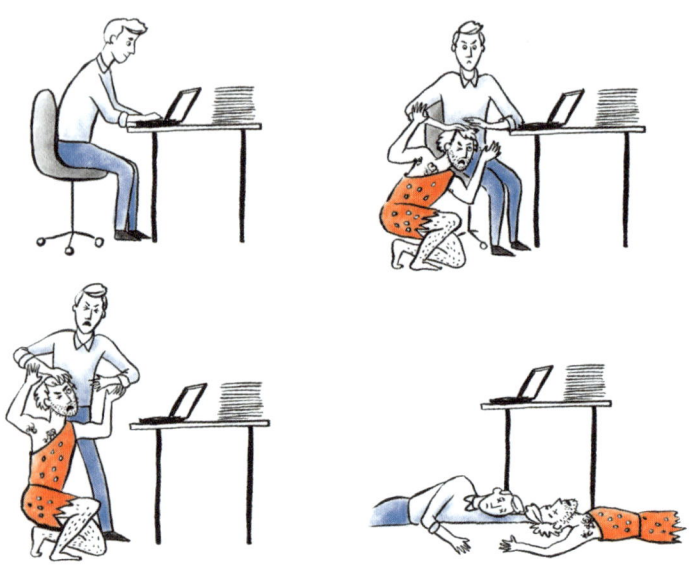

Sam gegen sein somatisches System:
verbissen, aber chancenlos

Neuroplastizität und die Folgekosten im Inneren

Die Kollateralschäden für Sams Gesundheit hatten wir ja schon besprochen. Auch wenn Sam sie immer wieder verdrängt, hat er dafür zumindest ein rudimentäres Bewusstsein.

Gar keine Ahnung hatte er bisher von den neurobiologischen Konsequenzen seiner Strategie »Augen zu und durch«. Die haben viel mit dem Zauberwort *Neuroplastizität* zu tun: Hirnregionen, die wir viel und mit Begeisterung nutzen, entwickeln sich prächtig und werden im Lauf der Zeit immer größer. Umgekehrt bauen sich Areale ab, die wir lange ungenutzt lassen. Sehr vereinfacht gesagt, können wir also mentale Muskeln trainieren so wie andere Muskeln auch. Und wir können sie verkümmern lassen.

Welche Region verkümmert im Zweikampf zwischen Sams kognitivem und sensorischem System ganz gnadenlos? Sie haben es vielleicht bereits geahnt: sein präfrontaler Kortex und seine Insula. Durch ein wochen-, monate- und jahrelanges »Training« im Ausblenden und Verdrängen sensorischer Reize hat er sein sensorisches System nachhaltig beschädigt. Das Prinzip »Augen zu und durch« hat seine natürliche Fähigkeit für Selbstmanagement in herausfordernden und komplexen Situationen ruiniert.

Ein weiterer Preis, den Sam dafür zahlt, dass er negative (bzw. als negativ interpretierte) Empfindungen wegdrückt, ist, dass er auch die guten Gefühle nicht mehr spürt. Wir können nicht selektiv verdrängen. Das Programm, das er fährt, kostet ihn neben seiner Gesundheit und seiner Selbststeuerungsfähigkeit also auch so etwas wie seine Lebendigkeit und die Fähigkeit, sein Leben tatsächlich mit allen Sinnen zu genießen. Sinnesreizungen müssen immer krasser werden, um überhaupt noch durchzudringen.

Folgekosten im Äußeren

Aber auch Sams Umfeld leidet. Seine Mitarbeiter müssen seine Gereiztheit ebenso ertragen wie zu Hause seine Frau. Nicht selten ist Sam bei Gesprächen in Gedanken abwesend und unkonzentriert. Dies hat natürlich einen enormen Einfluss darauf, was in den gemeinsamen Gesprächen entsteht bzw. nicht entsteht – unabhängig davon, ob das Gegenüber diese Absenzen wahrnimmt oder nicht.

Seine schlechtere Leistung macht sich immer wieder in Flüchtigkeitsfehlern und Fehleinschätzungen bemerkbar, die andere dann für ihn kompensieren müssen. Von alldem hat Sam in den letzten Jahren aber überraschend wenig mitbekommen. Seine Strategie, lästige Warnsignale im Inneren zu unterdrücken, geht neurobiologisch betrachtet Hand in Hand damit, dass er auch für die Signale aus seiner Umgebung zusehends abstumpft. In beiden Fällen spielen präfrontaler Kortex und Insula eine wesentliche Rolle.

Im Privaten hat Sams Frau schon oft Gesprächsbedarf geäußert, weil sich die Überstunden häufen. Wie hat Sam reagiert? Wie so viele seiner Kollegen: indem er noch länger arbeitet. Andere gehen ergänzend dazu zum Sport oder zum Stammtisch. Bei Sam ist es das Internet, das ihn oft noch spätabends gefangen nimmt. So erreicht er, ohne es zu wollen, im Außen ähnliche Ergebnisse wie in seiner inneren Kommunikation: Es wird zur Entfremdung kommen, und irgendwann wird sich die Frustration des ungehörten Gegenübers entladen.

(Wer von sich selbst Perfektion und unerschöpfliche Leistungsfähigkeit erwartet, signalisiert dies auch seinen Mitarbeitern. Wer seinen inneren Stimmen kein Gehör schenkt, hat oft auch kein offenes Ohr für die Bedürfnisse anderer.) Und wer sein inneres Team nicht gut managt, wird auch Schwierigkeiten in der äußeren Team- oder Unternehmensführung haben.

Es entspricht unserer Erfahrung, dass sich die Grundlogik, an der wir unser Selbstmanagement ausrichten, auf allen anderen Ebenen widerspiegelt.

Der totale Kontaktabbruch

In dieses Bild passen übrigens auch viele Symptome und Warnzeichen, die auf einen möglichen Burn-out hinweisen. (Wer immer mehr ausbrennt, ist immer weniger mit sich in Kontakt.) Häufig wird der Verlauf dieser Abwärtsspirale in Form eines 12-Stufen-Modells beschrieben. Spätestens auf Stufe 3 – »Vernachlässigen der eigenen Bedürfnisse« – wird die Entfremdung deutlich. Auf Stufe 4 beginnt die »Verdrängung von Konflikten und Bedürfnissen«. Nach dem Kontaktabbruch mit dem eigenen Ich folgt auf dem Weg in den Burn-out bald die Vermeidung von sozialen Kontakten. Irgendwann flacht das Gefühlsleben auch ab, und das Leben erscheint leer, stumpf und sinnlos. Häufig tauchen dann auch körperliche Symptome auf, die darauf hinweisen, dass etwas nicht gespürt, gesehen, gefühlt werden will, wie zum Beispiel ein Hörsturz oder Gesichtsfeldausfälle. Am Ende droht nicht nur die totale Erschöpfung: Ein ausgebrannter Mensch ist sich selbst oft völlig verloren gegangen.

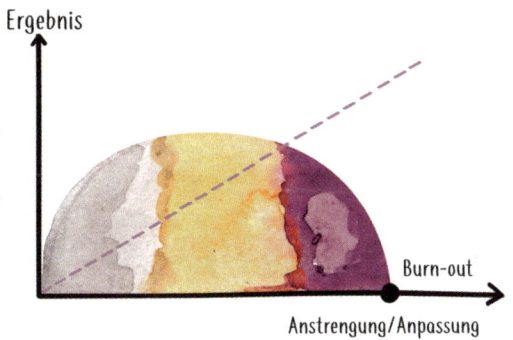

Highway to Hell

Hätten wir keinen Neokortex im Gepäck, wäre der Fall klar: Unser somatisches System würde uns steuern wie die anderen Lebewesen auf diesem Planeten auch. Wir würden essen, wenn uns danach wäre, uns paaren, wenn unser Organismus dazu bereit ist, schlafen nach unserer inneren Uhr und so weiter.
Unsere Evolution und Kultur haben uns einen deutlichen Strich durch dieses schlichte Lebenskonzept gezogen. Unser kognitives System ist im Lauf der Zeit groß und immer größer geworden und redet heute als gewichtiger Partner im inneren Team mit, ob wir das wollen oder nicht. Und es gibt sehr viele und gute Gründe, warum wir das tun sollten. Wir haben ihm viel zu verdanken.

Ein unauflösbares Dilemma also? Wie wir es auch angehen, wir landen offensichtlich im Schlamassel. Bevor wir uns die Lösung ansehen, werfen wir im nächsten Kapitel noch ein Blick darauf, woher der ganze Wahnsinn überhaupt kommt.

Reflexionsfragen

• Was sind Ihre bevorzugten Strategien, um den Signalen Ihres somatischen Systems aus dem Weg zu gehen?

• Verwenden Sie Kaffee, Energydrinks, Amphetamine o. Ä., um länger leistungsfähig zu bleiben, oder zum Beispiel Alkohol oder Schlafmittel, um abends in die Entspannung zu kommen?

• Wie haben sich Häufigkeit und Dosis im Lauf der Zeit verändert?

• Wie lenken Sie sich ab, wenn Sie sich innerlich verspannt und blockiert fühlen: Fernsehen, Internet, Videospiele, noch mehr arbeiten?

hier weiter

Wie unser Gehirn programmiert ist und warum das die Strategie der Angst so naheliegend macht

Auch wenn Sam schon vom Kampf-/Flucht-/Totstell-Modus gehört hat, wird ihm jetzt erst klar, wie ihn dieser Mechanismus im Führungsalltag oft einholt. Er erfährt, warum es in manchen Situationen vorteilhaft wäre, eine Antilope zu sein, und wie ihn Dauerstress in eine Abwärtsspirale führt.

Man kann es drehen, wie man will: Unser Gehirn stammt einfach nicht aus der Neuzeit. Unsere psychischen Prozesse sind für eine Umgebung optimiert, die von Mammuts, Säbelzahntigern und dem Überlebenskampf beim nächsten Wintereinbruch geprägt war – nicht für das 21. Jahrhundert.

Im nächsten Kapitel werden wir uns der Frage widmen, wie eine effizientere Alternative zur Strategie der Angst aussehen könnte. Davor wollen wir aber die »bugs and features« unseres Systems noch ein wenig besser verstehen. Das hilft uns, souveräner mit ihnen umzugehen und das Beste aus unserem so unvollkommenen »Setup« zu machen.

Dissoziation als Überlebensmechanismus: Stress führt zum inneren Kontaktabbruch

Wir alle kennen das Beispiel: Sams Vorfahren schlendern in Leoparden-Unterwäsche durch die Savanne, und plötzlich steht er vor ihnen, der viel zitierte Säbelzahntiger. Wir alle wissen, dass es damals schnell gehen musste: Angriff, Flucht oder Totstellen. Mehr war da nicht.

Hätten sich das kognitive und das somatische System besagter Vorfahren lang und breit zu verschiedenen Handlungsoptionen und deren proportional höchster Überlebenswahrscheinlichkeit ausgetauscht, hätte er sie gefressen, der Säbelzahntiger. Es war

also gut, dass das somatische System über die Amygdala blitz-
schnell alles aktiviert, was überlebensnotwendig ist, und alles andere radikal wegknipst: Verdauungsprozesse? Zack weg – jetzt
nicht! Regeneration? Muss warten! Neokortex? Würde jetzt nur
stören!

Teil unseres natürlichen Stressmechanismus ist es also, dass zwischen kognitivem und somatischem System, zwischen Denken
und Wollen, die Schotten dichtgemacht werden. Erst mal überleben! Man kann diese primäre Reaktionsweise auch Dissoziation, Spaltung oder Entkoppelung nennen.

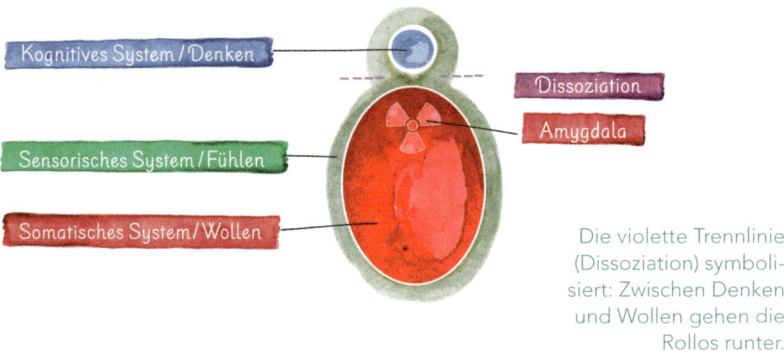

Kognitives System / Denken

Dissoziation

Amygdala

Sensorisches System / Fühlen

Somatisches System / Wollen

Die violette Trennlinie
(Dissoziation) symboli-
siert: Zwischen Denken
und Wollen gehen die
Rollos runter.

Die Amygdala und die Stressreaktion des Dissoziierens hat Sams
und Ihren Ahnen also mit Sicherheit oft das Leben gerettet. Und
auch heute sorgt diese unwillkürliche Reaktion immer wieder
dafür, dass wir durch blitzschnelle Reflexe unverletzt bleiben
(zum Beispiel im Straßenverkehr).

Marie weiß mehr ...

... über die drei archaischen Verhaltensweisen Angriff, Flucht und Erstarrung.

Die beiden bevorzugten, tief in uns Menschen verankerten Verhaltensstrategien in Gefahrensituationen sind Kampf oder Flucht (»Fight or Flight«). Damit Sams Körper dazu optimal in der Lage ist, aktiviert die Amygdala im Zusammenspiel mit dem Stammhirn unverzüglich den sympathischen Teil des Nervensystems. Die großen Muskelgruppen werden stärker durchblutet und mit Energie versorgt, das Herz schlägt schneller und die Atemfrequenz erhöht sich, Nährstoffvorräte des Körpers und Stresshormone wie Adrenalin und Cortisol werden freigesetzt.

Etwas anders verläuft die Alarmreaktion, wenn die Situation völlig aussichtslos erscheint. Wenn Flucht oder Kampf keine Option mehr sind, dann erstarren wir oder brechen zusammen (»Freeze«). Dabei wird der parasympathische Teil des Nervensystems aktiv, der Blutdruck fällt schlagartig und der Körper sackt möglicherweise in einer Ohnmacht zusammen.

Diese Reaktion wird verständlich, wenn Sie sich wieder zurückversetzen in den Alltag der menschlichen Urahnen: Viele tierische Angreifer fressen kein Aas, sondern nur »frisch« erlegte Beute. Wirkt der Mensch bereits tot, verliert die Bestie vielleicht das Interesse. Ein niedriger Blutdruck kann zudem bei einer Verwundung den Blutverlust reduzieren. Der Organismus schüttet gleichzeitig körpereigene Stoffe aus, die schmerzstillend und betäubend wirken, sodass die eventuell drohenden Todesqualen nicht in ihrer vollen Schärfe erlitten werden müssen.

Um das Unerträgliche nicht spüren zu müssen, reagiert auch die Psyche mit totaler Abspaltung vom eigenen Erleben (Dissoziation): Menschen berichten immer wieder, dass es sich in Extremsituationen für sie so angefühlt hat, als wären sie außerhalb ihres Körpers und würden die Ereignisse (zum Beispiel einen Unfall) von außen beobachten.

Gut bei Tigern – schlecht in komplexen Projekten

Säbelzahntiger sind selten geworden. Gestresst sind wir aber mehr denn je. Unser somatisches System kann verschiedene Gefahrenquellen nämlich nur schlecht unterscheiden. Die Amygdala funktioniert immer gleich. Egal, ob sich unsere Angst auf einen Säbelzahntiger bezieht oder darauf, eine Deadline nicht zu schaffen, vor unseren Kollegen dumm dazustehen oder unseren Job zu verlieren: Jedes Mal läuft das volle Programm, das uns auf den Überlebensmodus reduziert und zum Kommunikationsabbruch zwischen kognitivem und somatischem System führt.

Steinzeit und Büroalltag:
Auslöser verändert,
Reaktion konstant

(Je größer der Stress, desto weniger kooperieren die beiden Partner.) Das war im Angesicht des Tigers gut. Heute ist es fatal. (Gerade die kniffligsten Herausforderungen unseres modernen Lebens können wir nur dann erfolgreich bewältigen, wenn kognitives und somatisches System optimal zusammenarbeiten. Das ist die Voraussetzung dafür, dass wir uns mit unserem gesamten Potenzial gut zur Verfügung stehen. In komplexen Projekten brauchen wir Bauchgefühl, Empathie und einen wachen Verstand – nicht entweder oder.)

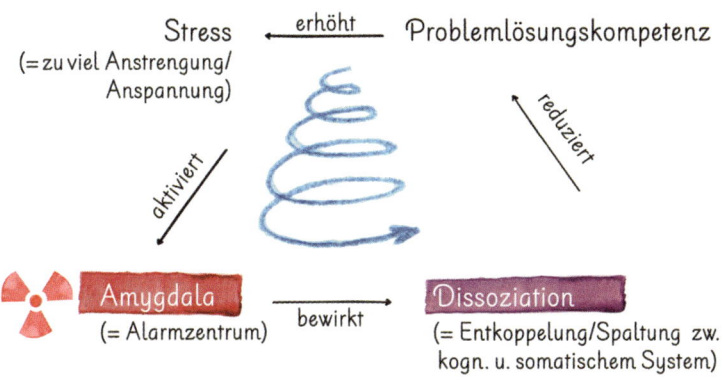

Wenn's stressig wird: mit der
Amygdala in die Abwärtsspirale

Dissoziation als moderner Dauerzustand

Die Probleme sind jedoch nicht nur komplexer geworden, sondern auch chronisch. Beim Säbelzahntiger ging es »hopp oder drop«. In wenigen Minuten war über Weiterleben oder Gefressenwerden entschieden. (Moderne Stressoren dagegen gehören mittlerweile zum natürlichen Hintergrundrauschen in Sams Alltag: Unerfüllbare Zielvorgaben, Reorganisationen, hohe Taktzahlen bei seinen Kernaufgaben, sein unentwegt bimmelndes Smartphone, herannahende Deadlines, eine Flut von E-Mails und Terminen, ein bedrohlicher Unterton im Gespräch mit einem Vorgesetzten oder andere auf ihn einprasselnde Reize lösen immer wieder dieselbe Kaskade der Stressreaktion in seinem Körper aus. Sein Stress ist chronisch und hat seine Amygdala von einer 60-Meter-Sprinterin zur Marathonläuferin umerzogen.)

Es kommt hinzu, dass die Digitalisierung unsere Regenerations-zeiten auf ein Minimum reduziert. Sams Gehirn kennt keinen Leerlauf mehr. Wenn es tatsächlich einmal nichts zu tun gibt, greift er wie ferngesteuert zum Smartphone – sogar im Bett und auf dem Klo.(Permanente Erreichbarkeit und Reizüberflutung haben desaströse Auswirkungen auf unser Gehirn und Nervensystem. Warum die Digitalisierung der Achtsamkeitskiller Nummer eins ist und was Sie dagegen tun können, erfahren Sie im Kapitel »Mindful Business: Digitalisierung«.)

Marie weiß mehr …

… über die Erstarrung und das Steckenbleiben darin.

Dass Tiere Stresssituationen recht schnell verarbeiten können, begeistert Marie besonders. Man hat beobachtet, dass Tiere die Energie, die im Falle einer Gefahr im Körper mobilisiert wurde, abbauen, indem sie sich beispielsweise intensiv schütteln oder zittern. Anschließend gehen sie recht zügig wieder zum normalen Modus über.

Menschen fällt dies deutlich schwerer. Wenn das somatische System im Erstarrungsmodus steckenbleibt, kann dies das Verhalten und Erleben eines Menschen nachhaltig prägen. Man spricht dann von einer *Traumafolge-Störung (posttraumatische Belastungsstörung / PTBS)*.

So berichten etwa Menschen, die traumatische Situationen überlebt haben, oft davon, dass sie sich auch viel später noch als vom Körper und ihrem emotionalen Erleben abgespalten (dissoziiert), wie gelähmt, überfordert oder hilflos fühlen. Die Stressreaktion, die in einem bestimmten Moment das eigene Leben gerettet hat oder retten sollte, wird zum Dauerzustand.

Der Grund für chronische Erschöpfung oder Anspannung, aber auch für viele andere psychische und physische Beschwerden kann also ein Trauma sein, an das man sich möglicherweise nicht mehr erinnert.*

Besonders interessant findet Marie, dass es in der Behandlung von Traumata immer mehr darum geht, die Verbindung von somatischem und kognitivem System wiederherzustellen und zu harmonisieren.

Vom Löwen gejagt:
was Antilopen anders machen als wir Menschen

Interessant ist übrigens auch, dass Sams Alarmsystem nicht nur auf externe Angreifer reagiert. Wenn sein kognitives System ihn zum Beispiel nach einem misslungenen Vortrag oder Fehler selbst zerfleischt und mit harter Kritik straft, dann reagiert sein somatisches System auf diese Angriffe genauso mit einer Stressreaktion.

Das Gleiche gilt für Sorgen und Ängste: Auch wenn sich bestimmte Horrorszenarien nur in seiner Vorstellung abspielen,

---

* Wenn Sie sich für das Thema Trauma interessieren, empfehlen wir Ihnen z.B. das folgende Buch: Levine, Peter A.: *Sprache ohne Worte. Wie unser Körper Trauma verarbeitet und uns in die innere Balance zurückführt.* 8. Aufl., München 2011.

löst das eine physische Reaktionskette in seinem Inneren aus. Die Begabung des Menschen, sich über Vergangenheit und Zukunft Gedanken zu machen, wird dann zum Stolperstein.)

Wenn eine Antilopenherde von einem Löwen gejagt wird, dann erleben die Tiere maximalen Stress. Der Fluchtinstinkt ist stärker als alles andere, und innerhalb von Sekunden laufen alle Tiere um ihr Leben.
Sobald der Angreifer eine Antilope erwischt hat, beruhigt sich die Herde aber automatisch und recht zügig wieder. Die Tiere schütteln sich, um Anspannung abzubauen, und grasen entspannt weiter. Jede Antilope weiß aus Erfahrung, dass ein Löwe nicht mehr als eine Antilope auf einmal verspeist.

Gäbe es Antilopen mit einem menschlichen Gehirn, würden sie sich vermutlich anders verhalten. Sie würden gedanklich immer wieder die Erinnerungen an diesen schrecklichen Tag durchkauen, an dem es den armen Paul erwischt hat, und voller Sorge darüber nachdenken, wann die Bestie wohl zurückkommt: »Was, wenn es dann mich erwischt? Oder mein Kind?« Dann würden wohl auch Antilopen Magengeschwüre bekommen und unter Schlaflosigkeit leiden.

1. Der Löwe kommt: totaler Stress.

2. Mich hat es nicht erwischt: Antilopen wechseln in den Entspannungsmodus.

1. Die Deadline droht: totaler Stress.

2. Deadline vorbei: Menschen verharren im Stressmodus.

Die Konsequenzen für unsere innere Teamkultur

Statt als gut eingespieltes Teams elegant auf den ohnehin anspruchsvollen Wellen des Lebens zu surfen, haben Sams somatisches und kognitives System seit Langem eher so etwas wie eine Fernbeziehung mit gereizter Grundstimmung, Misstrauen und jeder Menge gegenseitiger Verletzungen.

Allerdings heißt es bei diesem Paar tatsächlich »bis dass der Tod sie scheidet«. Das ist vermutlich der entscheidende Unterschied zwischen innerem und äußerem Team: Nur Letzteres können wir wechseln, wenn es uns nicht mehr gefällt. Stellt sich also die Frage, wie es in Sam weitergeht.

Wie wir bereits im vorigen Kapitel gesehen haben, ist sein somatisches System im Stress ganz mit sich und dem Überleben beschäftigt. Verdauung, Schlaf und Regeneration leiden, weil wir permanent für den Säbelzahntiger bereit sein müssen. Die Signale und Symptome Richtung kognitives System werden immer vehementer: »Hol uns hier raus!«

Je mehr das kognitive System diese Signale wegdrückt, desto mehr trägt es seinerseits zur stetigen Verschlechterung der Kommunikation bei. Die beiden sind in einer Abwärtsspirale gefangen. Mit seinem Hang zur Selbstüberschätzung hält sich das kognitive System natürlich für den alleinigen Urheber der Entfremdung. Es will ja schließlich nur »kühlen Kopf bewahren«. Das führt aber dort oben im vermeintlich kühlen Kopf zu gedanklichen Endlosschleifen, einem immer engeren Tunnelblick und einem bemerkenswerten kurzfristigen Intelligenzabbau. Stress über lange Zeit macht uns übrigens auch dauerhaft dümmer und vergesslicher.

In einem Klima von Angst und gegenseitigem Misstrauen fällt es unserem kognitiven System naheliegenderweise schwer, die Kontrolle zu lockern:

»Wenn ich diesem somatischen System auch nur einen kleinen Finger gebe, dann hat es bald die ganze Hand.

Und dann werde ich wieder … (bitte ein Begriffspaar auswählen und einsetzen: laut und gewalttätig, faul und unproduktiv, unkontrolliert und peinlich, unsicher und inkompetent).

Das wiederum fällt mir dann garantiert auf den Kopf. Man wird sich von mir distanzieren, und ich lande letztendlich unter der Brücke.

Deshalb darf ich jetzt nur ja nicht auf mein Bauchgefühl hören.«

… und die Konsequenzen im Äußeren

Sam bringt dieser innere Konflikt natürlich permanent in die Bredouille.

Aber wir wollen nicht immer auf ihm herumhacken. Marie, die ja an sich immer mehr weiß, ist da kein bisschen besser dran. Ihr klassisches Dissoziationsmuster sieht so aus:

Ihr Mitarbeiter geht ihr auf die Nerven. Ihre Amygdala feuert und stellt ihr somatisches System auf Angriff. Ginge es nach ihrem Instinkt, würde Marie dem Kerl jetzt einfach ordentlich eine reinhauen. Zu ihrem Glück legt das kognitive System ein Veto ein: »Halt, stopp, Impulskontrolle!«

Gespräch mit einem Mitarbeiter: Die Steinzeit-Marie aus dem somatischen System klopft an.

Marie lächelt ihre Wut weg und tut, als wäre nichts gewesen. Damit sie diese Show durchziehen kann, muss sie sich ganz schön anstrengen und drängt die wütende Steinzeit-Marie zusehends in die Ecke. Neulich hat ein Kollege sie in einer solchen Situation gefragt, warum sie sich denn so aufregen würde? Sie faucht mit hochrotem Kopf: »Ich rege mich überhaupt nicht auf. Ich bin die Ruhe in Person, auch wenn ich offensichtlich von lauter Idioten umgeben bin.«

Das Spannende dabei: Ihr kognitives System glaubt das tatsächlich! Aber unübersehbar rotiert die Steinzeit-Marie immer mehr, und nach der nächsten provokanten Äußerung ihres Mitarbeiters holt sich das somatische System die Kontrolle vollends zurück. »Es« bricht aus Marie heraus, und sie macht ihr Gegenüber ordentlich »rund«. Zum Schaden beider.

Jetzt langt's. Steinzeit-Marie wird rabiat.

… und wenn nicht im Außen, dann doch wieder innen

Andere Menschen gehen mit dieser Situation vordergründig gelassener um. Sie fressen den Ärger in sich hinein und halten die
Impulskontrolle aufrecht, bis der Mitarbeiter weg ist. Das ist so-
zial verträglicher. Den inneren Konflikt zwischen kognitivem
und somatischem System löst es aber auch nicht auf, und irgendwann äußert der sich in Magengeschwüren, Depressionen oder
anderen Folgeerscheinungen.

Wenn Sie in alldem Parallelen zu Ihrem äußeren Team oder
Ihrer Paarbeziehung erkannt haben sollten, nur zu. Die Mechanismen sind innen und außen durchaus ähnlich. Bei den Problemen, aber auch bei den Lösungen. Dazu mehr ab dem nächsten
Kapitel.

Key Messages

» Unter Stress entkoppeln unser kognitives und unser somatisches System. Das ist evolutionär bedingt und wird
als Dissoziation oder auch Spaltung bezeichnet.

» Dissoziation reduziert uns auf unsere archaischen Überlebensmuster. Das war in der Steinzeit hilfreich. Heute ist
es meistens kontraproduktiv. Stattdessen wären wir effizienter und kreativer, wenn wir uns »als ganzer Mensch«,
also mit beiden Systemen voll zur Verfügung stünden.

» Umso problematischer ist es, dass Dissoziation heute
wegen Dauerstress und Digitalisierung zusehends zum
chronischen Normalzustand wird.

» Dissoziation führt rasch in eine Abwärtsspirale und wird
immer schwerer zu überwinden, je weiter sie fortge-
schritten ist.

Reflexionsfragen

- Was sind Ihre klassischen Situationen und »Trigger«,
die Sie in innere (und vielleicht auch äußere) Schwierigkeiten bringen?
- Wir reagiert Ihr kognitives System darauf?
- Wie Ihr somatisches System?
- Kennen Sie die Erfahrung, dass Ihre somatischen Impulse irgendwann aus Ihnen hervorbrechen und Sie dann
hart und unkontrolliert reagieren? Wann besonders?
- Kennen Sie die Erfahrung, dass Ihr kognitiver Wille so
lange eisern die Kontrolle behält, bis Sie völlig erschöpft und ausgelaugt sind? Wann besonders?
- Kennen Sie andere Erfahrungen als die beiden beschriebenen Muster? Wie sehen diese aus? Beschreiben Sie sie so genau wie möglich.

Die Strategie der Achtsamkeit: Selbstführung

Im folgenden Kapitel erkennt Sam, wie sein Ausweg aus der Abwärtsspirale der Stressreaktion aussehen kann und womit er seine beiden inneren Systeme wieder in einen Teamprozess bringt. Erleichtert stellt er fest, dass dies eigentlich ganz einfach ist.

Ein Experiment zum Einstieg

Zum Einstieg in dieses Kapitel wollen wir Sie zu einem kleinen Experiment einladen: Machen Sie doch einen Augenblick die hier beschriebene Micro-Practice:

Nehmen Sie beide Hände auf Brusthöhe und reiben Sie Ihre Handflächen schnell und kräftig aneinander, bis Wärme entsteht. Halten Sie die Handflächen weiter aneinander und nehmen Sie die Wärme wahr. Beginnen Sie nun ganz langsam die Handflächen auseinanderzubewegen und nehmen Sie wahr, wie lange Sie die Wärme zwischen den beiden Handflächen noch spüren. Fertig? Klasse! Halten Sie einen Moment inne und notieren Sie sich, was Sie erlebt haben.

 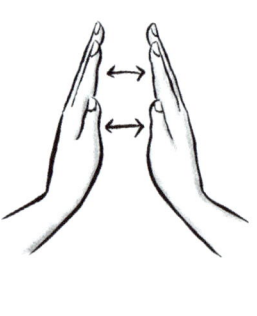

Ein Sicherheitsanker, den wir immer bei uns haben

Nun wiederholen Sie bitte die gleiche Übung mit Ihrer ganzen Konzentration, aber denken Sie dabei an Ihre To-do-Liste und versuchen Sie, die Top-drei-Aufgaben darauf in eine Reihung zu bringen.

Was haben Sie erlebt? Sehr wahrscheinlich, dass nicht beides gleichzeitig geht. Sie können mit Ihrer Aufmerksamkeit bestenfalls hin- und herwechseln: für einen Moment zu Ihren Händen, dann für einen Moment zur To-do-Liste und so weiter.

Nehmen Sie sich diese kleine Erfahrung gern für das weitere Kapitel mit.

Ihr Körpergefühl steht Ihnen immer als Sicherheitsanker zur Verfügung, wenn Ihr kognitives System Sie mit seinen Gedankenschleifen mehr in die Zukunft oder in die Vergangenheit entführen will, als Ihnen vielleicht lieb ist.

Achtsamkeit: der Weg des Mutes

Dass unsere Amygdala in Stresssituationen ihr Eskalationsprogramm abfeuert und wir Angst haben, ist Teil unseres Setups. Mut bedeutet natürlich nicht, sich der Angst schlotternd zu ergeben und nur darauf zu warten, bis uns der Tiger endlich verschlungen hat. Mut besteht aber auch nicht darin, diese Angst zu unterdrücken und so zu tun, als wäre sie nicht da. Denn wenn wir die Angst wegdrängen, sitzt sie uns nur im Nacken und steuert uns von hinten.

Für Sam ist das eine, vielleicht die wesentliche Erkenntnis: Wahrer Mut besteht darin, der Angst ins Auge zu sehen. In dem Augenblick, wo wir das wagen, entsteht ein völlig neues Spiel. Die zwei Möglichkeiten, »Fear« (Angst) zu buchstabieren, hat sich Sam als Erinnerungshilfe mitgenommen:

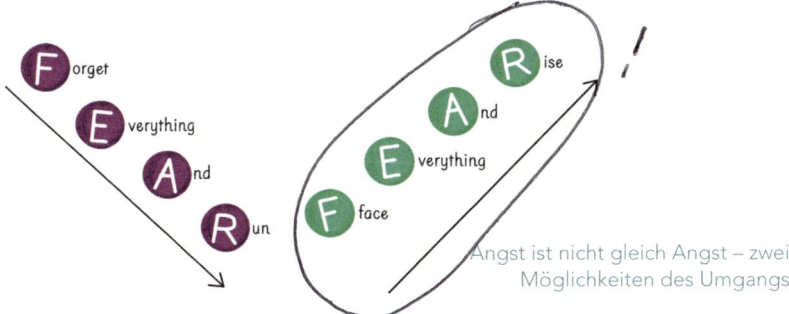

Angst ist nicht gleich Angst – zwei Möglichkeiten des Umgangs

83

Der Angst ins Auge sehen – wie soll das gehen?

Die Strategie der Angst ist eine Eskalationsspirale des Kontaktabbruchs und der Entfremdung. »Fortschreitende Dissoziation« war der Fachbegriff, den Sie sich aus dem vorigen Kapitel mitgenommen haben.

Denken und Wollen machen die Schotten dicht. Was hilft uns, damit sie wieder hochgehen? Was putzt uns die inneren Leitungen durch, damit sich die beiden Systeme – das kognitive und das somatische – wieder verbinden können?

Es ist wie bei Konflikten im Äußeren: Es braucht Selbstüberwindung und Mut, sich wieder auf Kontakt, Austausch und Begegnung einzulassen. Die Strategie der Angst bestand ja seitens des kognitiven Systems darin, all die beängstigenden Impulse und Signale aus dem Somatischen mit aller Macht wegzudrücken und zu ignorieren. In dem Augenblick, in dem wir unser Bewusstsein auf unsere Körper- und Sinneswahrnehmung ausrichten, gehen wir bereits einen ersten Schritt in die richtige Richtung. Das kognitive System signalisiert damit dem somatischen: »Ich bin bereit, auf dein Gesprächsangebot einzugehen.«

Signale aus dem Somatischen –
Zwei Möglichkeiten des Umgangs damit

Hilfreich ist dabei eine Haltung, die wir in Anlehnung an den Coach und Therapeuten Stephen Gilligan folgendermaßen formulieren würden: »Hey, somatisches System! Ich bekomme mit, dass du dich meldest. So lange habe ich dich ignoriert und bin vor dir weggelaufen. Was du mir da so an Signalen und Symptomen schickst, ist mir verdammt unangenehm. Aber ich weiß, dass sie im Sinn unserer gemeinsamen Selbststeuerung eine wichtige Funktion haben und dass du es gut mit uns beiden meinst. Dann lass uns also mal ins Gespräch kommen und schauen, was dabei herauskommt.«

Das sensorische System ist gefragt

Nun brauchen wir die Dolmetsch-Kompetenzen des sensorischen Systems, angesiedelt in präfrontalem Kortex und Insula: »Aha, da sind meine verkrampften Schultern, mein Husten, meine Atemnot, mein Kopfweh.«

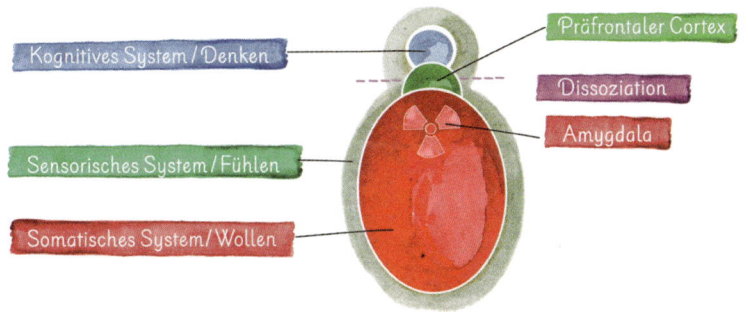

Unser Freund, der präfrontale Kortex – »Dompteur« der Amygdala

Unser somatisches System kann aufatmen: Der Projektmanager scheint bereit, sich endlich wieder auf seinen eigentlichen Auftrag zu besinnen, statt wie verrückt sein eigenes Ding durchzuziehen. Wenn er jetzt gut zuhört, kann er über das sensorische System viel Wichtiges erfahren. Vielleicht entspannt sich das somatische System allein dadurch schon ein wenig. Möglicherweise hat sich aber so viel aufgestaut, dass es erst einmal ein reinigendes Gewitter braucht. Extrem unangenehm für unser kognitives System!

Wie auch in unseren äußeren Beziehungen muss sich jetzt zeigen, wie ernst es uns miteinander ist und ob wir die Geistesgegenwart und Kraft haben, diese Auseinandersetzung durchzustehen. Und genau das kann man in der Achtsamkeitspraxis üben und trainieren.

Mut: aufmerksam, neugierig und offen dableiben statt wegzulaufen

Das kognitive System kann jetzt ausbüchsen und sagen: »So viele Symptome – eine Unverschämtheit! So lass ich nicht mit mir reden.« Es kann die Tür zum sensorischen System wieder zuschlagen, um seine Ruhe zu haben. Die Verlockung, genau das zu tun, ist riesengroß. Denn unser kognitives System ahnt bereits, dass das Gespräch mit dem somatischen System zu einer gemeinsamen Verhaltensänderung führen wird. Und unser kognitives System hasst Verhaltensänderungen wie die Pest. Wie wir schon beim Zusammenspiel von Anstrengung und Ergebnis gesehen haben, bleibt unser kognitives System gerne so lange wie irgendwie möglich bei »mehr von demselben«. Und je größer der Stress ist, also je entkoppelter es vom Somatischen ist, desto rigider und starrsinniger wird es in der Regel.

Das kognitive System sollte also den mühsameren, aber auch ungleich lohnenderen Weg des Mutes gehen und sich alles aufmerksam, offen und geduldig anhören. Ohne Maßnahmenplan, ohne gleich etwas ändern zu müssen. Einfach zuhören. Und versuchen, dabei so gut es geht die Klappe zu halten.

Den präfrontalen Kortex aktivieren

Indem wir unsere Aufmerksamkeit auf unser sensorisches System, also auf unsere Körper- und Sinneswahrnehmungen richten, können wir den präfrontalen Kortex gezielt »einschalten«. Das ist für jemanden wie Sam, der gelernt hat, dass man Probleme löst, indem man über sie nachdenkt, eine überraschende Neuigkeit. Es ist für ihn zunächst ungewohnt und auch nicht so leicht umsetzbar, in einer Stresssituation innezuhalten und zu spüren, statt zu grübeln. Wie viele von uns hat er Jahre und Jahrzehnte hinter sich, in denen er diese Hirnregionen systematisch hat verkümmern lassen. Die gute Nachricht: Dank Neuroplastizität können wir sie schön langsam wieder aufbauen. Und je öfter Sam es versucht, desto deutlicher macht er die Erfahrung, dass diese Strategie tatsächlich wirkt.

Wieder Herr im eigenen Hause werden

Der Gegenmechanismus zu Dissoziation heißt Integration. Denken und Wollen finden wieder zueinander. »Was ist, darf sein, und was sein darf, kann sich verändern«, formuliert es der Gestalttherapeut Werner Bock. In dem Augenblick, wo wir aufhören, gegen unser inneres Signalsystem anzukämpfen, können wir uns dem zuwenden, was es uns zu sagen hat. Wir nehmen es wieder als das, was es ist: das zentrale Element für wirkungsvolle Selbststeuerung. Damit verliert es oft nicht nur seinen Schrecken, sondern auch die Notwendigkeit, so vehement auf sich aufmerksam zu machen.

Was noch besser ist: Wir sind nicht nur ein vermeintliches Problem losgeworden, sondern haben plötzlich uns selbst zu unserem wichtigsten Verbündeten gemacht.

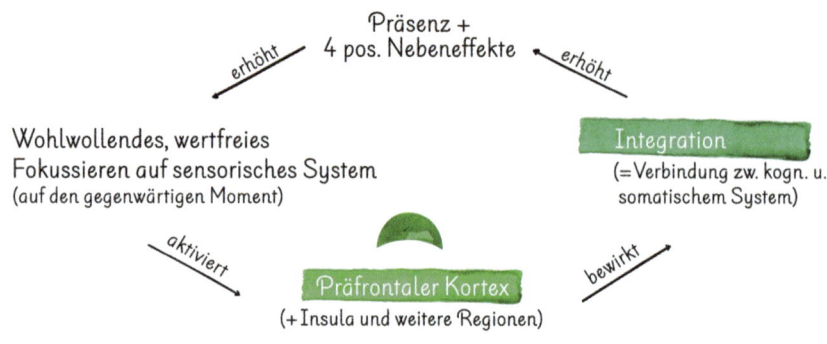

Grundmechanismus der Achtsamkeit:
die Zauberformel der Integration

Was wir dadurch lernen, bringt die englische Formulierung »Learning to respond, not to react« gut auf den Punkt. Wir würden sie sehr frei übersetzen als »Auf Reize und Signale eingehen – sich also offen für sie zu interessieren –, statt blindlings darauf zu reagieren.« Sam kennt das nämlich sehr gut: Wenn er Gefühle, Irritationen und instinktive Reaktionen nicht im Bewusstsein hat, dann machen die mit ihm, was sie wollen. Nicht er hat den Ärger, sondern der Ärger hat ihn – und bringt ihn regelmäßig in Schlamassel.

(In der Aktivierung des sensorischen Systems liegt bemerkenswerterweise der Schlüssel zur Regulation unserer Gefühle und Impulse.) Der präfrontale Kortex hilft uns, Denken und Wollen in stressigen oder sehr emotionalen Situationen wieder in einen konstruktiven Dialog zu bringen. Wir können lernen, wahrzunehmen, dass unser Nervensystem alarmiert ist. Allein dadurch, dass wir das wahrnehmen, können wir schon die Abwärtsspirale der inneren Entkoppelung unterbrechen. (Der Tunnelblick wird weiter, Gefühlswogen glätten sich, und wir kommen wieder auf hilfreiche Strategien, um unsere Ziele zu erreichen.)

Leiden = Schmerz x Widerstand

Dass wir Schmerzen empfinden, ist in das Menschsein gewissermaßen eingebaut. Wie wir es auch angehen, es bleibt uns nicht erspart. Jeder Einzelne von uns wird krank, erlebt Verluste oder schwierige Situationen – so ist das Leben. Viel von dem Leid, das wir erleben, hat allerdings damit zu tun, dass wir gegen das Unvermeidliche Widerstand leisten.[13]

Wir wollen nicht akzeptieren, was geschieht, und stemmen uns trotzig dagegen: »Das darf nicht sein«, »Das will ich nicht«, »Es ist nicht fair« … Mit solchen Gedanken verschlimmern wir die Lage. Oft ist es vor allem unser Widerstand, der eine Situation so unangenehm macht, und gar nicht so sehr die Sache selbst.

Dieses Prinzip wird auch in einer bemerkenswerten Studie von Britta Hölzel sichtbar: Wenn wir mit dem Meditieren beginnen, wird zunächst die Aktivität der Amygdala geringer – das bedeutet im Sinn der Gleichung »Leiden = Schmerz x Widerstand«, wir empfinden weniger »Schmerz« – die unangenehme Stressreaktion fällt weniger heftig aus als bisher. Der Widerstand – in diesem Fall das »Dagegenstemmen« des präfrontalen Kortex – bleibt aber bestehen.[14]

Erst allmählich lernen wir, weniger Widerstand zu leisten. Der präfrontale Kortex drückt nicht mehr die Aktivität der Amygdala hinunter, sondern er synchronisiert sich mit ihr. Vom Widerstand, der dagegenhält, gelangen wir nach und nach zu einem akzeptierenden, mitfühlenden »Mitschwingen« mit allen Erfahrungen.

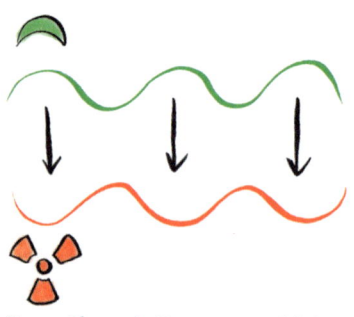

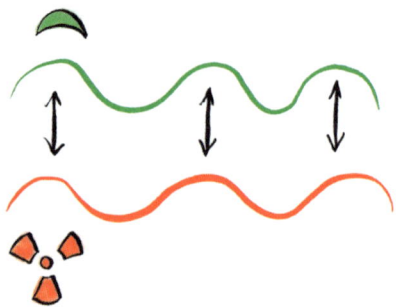

Der präfrontale Kortex unterdrückt die Impulse von der Amygdala, wenn sie sich melden.

Der präfrontale Kortex schwingt mit jeder Aktivierung der Amygdala »verständnisvoll« mit. Dadurch beruhigt sie sich.

Zwei Formen der neuronalen Selbstregulation

Bei Langzeitmeditierenden sind deshalb spannenderweise sowohl der präfrontale Kortex als auch die Amygdala größer als bei anderen Menschen! Sie bekommen das Leben in seiner vollen Intensität mit und sparen sich psychische Energie, weil sie unangenehme Signale nicht mehr mühsam wegdrücken müssen, sondern sie einfach gelassen und souverän mit ihrem Bewusstsein begleiten können.

Das eigene innere Chaos in dieser Form auszuhalten, erfordert aber gerade in schwierigen Situationen eine Menge Mut und innere Stärke. Wie wir diese systematisch aufbauen und entwickeln, besprechen wir im Kapitel »Tipps & Tricks für den individuellen Kompetenzaufbau«. Davor aber zoomen wir noch ein wenig genauer in den inneren Prozess, der da stattfindet.

Key Messages

» Wir können unsere natürliche Stressreaktion nicht ändern, aber besser damit umgehen und die Dissoziation rascher überwinden.

» ❲Das können wir, indem wir auf unsere Körper- und Sinneswahrnehmung fokussieren. Das aktiviert unseren präfrontalen Kortex und führt zur Re-Integration von Denken und Wollen. ❳

» Das klingt einfach und ist es im Prinzip auch. Wenn es allerdings unangenehm oder stressig wird, ist es unser Impuls, gedanklich ins kognitive System oder in benommene, heruntergedimmte Bewusstseinszustände »auszuchecken«.

» Das wiederum fördert die Dissoziation und macht das Ganze schlimmer.

» Um auch dann, wenn es unangenehm oder stressig wird, noch bei unserer Körper- und Sinneswahrnehmung bleiben zu können, brauchen wir Mut und innere Stärke.

» Das üben wir in der Achtsamkeitspraxis.

» Was bringt das? Es führt zur Integration von Denken und Wollen und damit zu einer erhöhten Fähigkeit, mit der Situation kompetent und konstruktiv umzugehen.

Reflexionsfragen

• Haben Sie die Einstiegsübung zu diesem Kapitel gemacht? Wenn nein, laden wir Sie ein, das jetzt zu tun.

• Wenn Sie auf Ihr bisheriges Leben zurückblicken: Finden Sie zumindest eine Gelegenheit, in der sich eine gründliche und ehrliche Aussprache gelohnt hat?

• Wenn Sie mehrere Gelegenheiten finden, wählen Sie eine einzige, ganz konkrete Erfahrung aus: Wie ging es Ihnen vor der Aussprache? Wie währenddessen? Wie danach?

Achtsamkeit im Alltag in vier Schritten

Sam hat verstanden, welche Vorteile eine achtsame Selbstwahrneh-mung und ein konstruktiver innerer Dialog auch für seine Führungs-arbeit mit sich bringen. Er möchte jetzt das, was er bis hierhin gelernt hat, in die Praxis umsetzen. Wie kann er das konkret und in einfachen Schritten tun?

Früher hatte Sam manchmal den Eindruck, dass seine Handlun-gen ihn steuern und nicht umgekehrt. So passierte es ihm immer mal wieder, dass er Wutausbrüche hatte, wenn zum Beispiel et-was in der Organisation nicht so lief oder in seinem Alltag nicht schnell genug ging. Oder er schrie am Wochenende seine Kinder an, wenn sie sich stritten. Oft ist er dann selbst erschrocken ge-wesen über seine heftige Reaktion.

Sam hat nun verstanden, welche Vorteile eine achtsame Selbst-wahrnehmung und ein konstruktiver innerer Dialog für sein ganzes Leben und besonders auch für seine Führungsarbeit mit sich bringen. Er möchte jetzt das, was er bis hierhin gelernt hat, in die Praxis umsetzen. Wie kann er das konkret und in einfa-chen Schritten tun?

Zwischen Reiz und Reaktion liegt unsere Freiheit

Wie Sam geht es vielen. Die meisten Menschen verzichten den Großteil ihres Lebens auf ihre eigene innere Freiheit, ohne sich dessen auch nur bewusst zu sein. Viele Gespräche und Aktivi-täten laufen vollkommen im Autopilot-Modus ab – auch im Führungsalltag. Dadurch beschränken wir unsere Handlungs-möglichkeiten enorm, weil wir uns permanent in unserer Kom-fortzone bewegen und nichts Neues in unser Leben lassen.

»Zwischen Reiz und Reaktion liegt ein Raum. In diesem Raum liegt unsere Macht zur Wahl unserer Reaktion. In unserer Reaktion liegen unsere Entwicklung und unsere Freiheit.«
Dr. Viktor Frankl (1905–1997), Begründer der Logotherapie

Achtsamkeit könnte man in diesem Sinne kurz definieren als »innehalten und bewusst entscheiden, statt automatisch zu reagieren«. Das eröffnet eine enorme innere Freiheit und führt in vielerlei Hinsicht zu besseren Ergebnissen (siehe Kapitel »Präsenz und ihre vier positiven Effekte«).

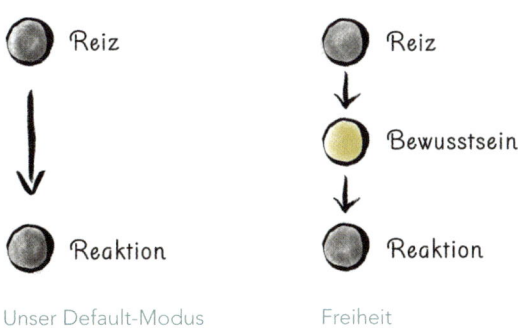

Unser Default-Modus   Freiheit

Das leuchtet Sam irgendwie ein. Gleichzeitig hilft es ihm sehr, anhand eines eigenen Beispiels durchzugehen, was denn in diesem »Raum zwischen Reiz und Reaktion« genau passiert:

Micro-Practice: ALI

A-L-I ist eine »Zauberformel« für unseren Arbeitsalltag, so Kai Romhardt, Begründer des Netzwerks *Achtsame Wirtschaft* über seine »Micro-Practice«.

A = Atmen

L = Lächeln

I = Innehalten

Er führt aus, dass drei Atemzüge reichen, um bei uns anzukommen und uns innerlich auszurichten. »A bringt Körper und Geist zusammen, L schenkt uns selbst liebevolle Zuwendung und befriedet den inneren Kritiker und Richter, I gibt uns einen Augenblick jenseits des Funktionierens, Erreichens und nährt das Gefühl innerlicher Freiheit in uns«[15].

Erinnern Sie sich an die Geschichte von Sams Tagesablauf nach drei Jahren Achtsamkeitspraxis (Meet Sam again)? Vielleicht haben Sie sich beim Lesen etwas gedacht wie »Wär ja nett – aber ist das wirklich realistisch?«. Zum Beispiel, als Sam es schafft, umsichtig und frei zu entscheiden, was er mit seinem Abend macht, statt blindwütig im Autopilot-Modus weiterzuarbeiten.

In diese Sequenz wollen wir zoomen, um zu untersuchen, was Sam hier ganz konkret anders macht als früher: Er sitzt also am Freitagabend um 17:00 Uhr noch im Büro, mit einer wichtigen Deadline für Montagmorgen im Nacken.

Eine klassische Situation in seinem Berufsleben. Früher hätte er jetzt durchgepowert, bis irgendwann nach Mitternacht alles fertig ist.

Schritt 1: Moment!

Ein erster kleiner Sieg auf dem Weg zum »neuen Sam« ist es, dass er kurz innehält und sagt: »Hoppla! Die Situation kenne ich.« Er erinnert sich an die Leistungskurve und daran, wie schmerzhaft ihm im Achtsamkeitstraining bewusst geworden ist, dass er jetzt nicht mehr wirklich produktiv und effizient ist. Er denkt an den Preis, den er bezahlen wird, wenn er nach

Mitternacht völlig erschöpft und überspannt ins Bett geht und nicht einschlafen kann.

Sam erinnert sich an ALI. Er atmet, lächelt, hält einen Moment inne und fragt sich: »Wie geht es mir eigentlich jetzt gerade wirklich?«

Schritt 2: Innenschau
Sam stellt seine Gedanken an die Deadline für einen Augenblick hintan, in dem er auf seine Körperwahrnehmungen achtet. Dadurch aktiviert er sein sensorisches System im präfrontalen Kortex. Er fühlt, dass seine Augenlider schwer sind, seine Schultern und die Bauchdecke angespannt. Sein Hals pocht. Sein Körper braucht wirklich eine Pause. Gleichzeitig weiß er, dass er die Frist nicht einhalten kann, wenn er nun sofort den Feierabend einläutet. Er denkt auch an seine Frau und seine Kinder, denen er gesagt hat, dass er zum Abendessen zu Hause sein wird. »Ah!«, merkt Sam, »jetzt steigt das Denken ein in die Besprechung im ›inneren Team‹.«
Er bemerkt auch, wie der vertraute Satz »Streng dich an!« in ihm aufsteigt, wie er dabei die Zähne zusammenbeißt und es in seinem Brustraum eng wird dabei. Sam nimmt das wahr und kehrt mit seinem Bewusstsein immer wieder zu seinem Atem zurück. Das hilft ihm, dass ihn seine Gedanken nicht wieder Richtung Deadline oder sonst wohin forttragen.
In ihm findet also gerade ein Art »Board-Meeting« statt. Eine Besprechung der obersten Führungsebene, in der Denken und Wollen gleichermaßen Gehör finden.
So überwindet Sam bereits ein Stück weit die Stressreaktion und Spaltung in seinem Inneren und geht einen Schritt in Richtung Integration.

Schritt 3: Neue und kreative Optionen
Die Innenschau hat Sam geholfen, aus der Benommenheit des Autopilot-Modus auszusteigen und zu sich zu kommen. Dadurch

hat sich auch sein Tunnelblick geweitet, der ihn bisher auf eine einzige Option festgelegt hatte: sitzen bleiben, bis alles fertig ist. Solange unser Körper sich im Alarmmodus befindet, ist dieser Tunnelblick normal. Eine zentrale Funktion dieser tief in uns verankerten Überlebensmuster ist es eben, Optionen einzuschränken, statt sie zu erweitern (Kämpfen/Flüchten/Erstarren). Bestimmte Gedanken und Ideen sind uns deshalb gar nicht zugänglich, auch wenn sie von außen betrachtet oder im Nachhinein ganz naheliegend scheinen mögen.

Sobald Sam innegehalten hat, war der erste Gegenimpuls aus seinem somatischem System: nach Hause gehen und die Deadline platzen lassen. Früher hätte sein Denken das zum Anlass genommen, es sich einfach zu machen, diese somatischen Impulse für verrückt zu erklären und wieder zur Arbeit zurückzukehren.

Inzwischen hat Sam gelernt, die Spannung zwischen beiden Systemen ein wenig auszuhalten und im Fühl-Modus zu bleiben, auch wenn es unangenehm ist. Er weiß: Mutige Entscheidungen und kreative Lösungen sind erst möglich, wenn – vereinfacht formuliert – der präfrontale Kortex die Amygdala beruhigt hat. Schnell ist ihm klar, dass sofort heimzugehen auch keine gute Option für ihn wäre. Er hätte am Wochenende keine ruhige Minute und am Montag ein ernstes Problem.
So erforscht Sam in aller Ruhe den Bereich zwischen den beiden Radikallösungen. Welche Kompromisse wären möglich, damit sowohl sein kognitives als auch sein somatisches System zu ihrem Recht kommen? Nach wenigen Minuten hat Sam einige Optionen gesammelt.

Sein somatischer Teil muss nicht länger Signale und Symptome produzieren, wenn er vom kognitiven Teil gehört und integriert wird. Er kann sich entspannen.

Sein kognitiver Teil bekommt zugleich wichtige Informationen darüber, was jetzt gerade wirklich wichtig ist. Gedankliche Endlosschleifen werden unterbrochen. Ein Ausstieg aus dem unkreativen Autopilot-Modus wird möglich. Im inneren Team-Meeting können ganz andere, neue Möglichkeiten auftauchen.

Schritt 4: Dialogische Entscheidung

Sam entscheidet sich dafür, sich einen kurzen, zügigen Spaziergang an der frischen Luft zu gönnen, um seinen Körper etwas aufzulockern und Energie zu tanken. Dann will er sich noch einmal an den Schreibtisch setzen und zwei Stunden fokussiert arbeiten. Außerdem nimmt er sich fest vor, am Wochenende wenigstens einmal laufen und in die Sauna zu gehen, weil er so am besten abschalten und regenerieren kann.

Vor dem Spaziergang ruft Sam seine Frau an und erklärt ihr die Lage. Sie erklärt sich sofort bereit, mit dem Abendessen eine Stunde länger zu warten. Sam verspricht im Gegenzug, dass es nicht später als 20:00 Uhr wird.

Beim Spazierengehen kommt ihm noch ein Einfall, der ihm seine Arbeit deutlich erleichtert. Nach zwei produktiven Stunden fährt er mit einem zufriedenen Gefühl nach Hause.

Bei einer »dialogischen Entscheidung« geht es darum, innerlich so zu verhandeln, dass die Anliegen und Bedürfnisse des kognitiven und des somatischen Teils gleichberechtigt berücksichtigt werden.

Wie bei jeder demokratischen Entscheidung wird es auch hier nur selten eine Lösung geben, mit der beide Seiten hundertprozentig zufrieden sind. Es geht also gar nicht darum, ein Ergebnis zu erzielen, das sich absolut ideal anfühlt, sondern um eines, das gut genug ist. Ihr innerer Perfektionist darf sich entspannen.

Bei der Entscheidungsfindung können Sie sich auch fragen: Welche Zugeständnisse kann ich einer Seite machen, damit sie sich auf den Kompromiss gut einlassen kann? So könnten Sie zum Beispiel Ihrem somatischen System signalisieren, dass Sie seine Not wahr- und ernst nehmen – und es dennoch bitten, bis zur Deadline am Montag durchzuhalten. Dafür geben Sie ihm (also sich selbst) das Versprechen, sich danach ausreichend Zeit für Regeneration zu nehmen.

Allerdings sollten Sie dann Ihr Wort halten. Denn auch im inneren Beziehungsgefüge leidet das Vertrauen schnell, wenn falsche Versprechungen gemacht werden.)

Weitere Anregungen zu diesem Thema finden Sie auch im Kapitel »Mindful Business: Entscheidungen«.

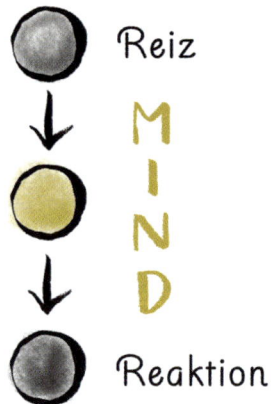

1. **M** oment!
2. **I** nnenschau (Signale aus dem Somatischen?)
3. **N** eue und kreative Optionen
4. **D** ialogische Entscheidung (im inneren Team)

Key Messages

- Im Autopilot-Modus reagieren wir automatisch auf Reize, die aus unserer Umgebung oder unserem Inneren kommen. Unsere unbewussten Verhaltensmuster und Emotionen steuern uns, ohne dass wir es auch nur mitbekommen.

- Achtsamkeit im Alltag bedeutet, dass wir Reize bewusster wahrnehmen und einen Moment innehalten, bevor wir reagieren.

- In diesem Moment des Innehaltens können wir freier und selbstbestimmter entscheiden, wie wir reagieren wollen.

- Es ist wichtig, dass wir diesen Unterschied verstehen. Aber das reicht nicht: Wir müssen Achtsamkeit regelmäßig üben, damit sie uns im Alltag auch wirklich zur Verfügung steht.

Reflexionsfragen

- Für Sam war die Situation »Freitag 17:00 Uhr, und am Montag ist die Deadline« ideal, um die vier Schritte MIND einmal für sich durchzudenken.
- Suchen Sie sich ein praktisches Beispiel für eine Situation, vor der Sie selbst immer wieder stehen und mit der Sie in Zukunft anders umgehen wollen.
- Gehen Sie die vier Schritte an diesem Beispiel einen nach dem anderen in Gedanken durch.

Präsenz und ihre vier positiven Effekte

Übersicht im Dickicht der Forschungsergebnisse

Sam erfährt, was seine Führungspräsenz damit zu tun hat, wie ihn seine Mitarbeiter wahrnehmen, und warum ein gutes Mitarbeitergespräch nichts mit dessen Dauer zu tun hat. Er sieht auch, wie viele positive »Nebenwirkungen« Achtsamkeit hat und wie er sich durch sie die nötige Motivation für eine regelmäßige Praxis holen kann. Schon bald erntet er die ersten »Früchte« und erlebt sich als fokussierter und klarer, aber auch als kreativer, einfühlsamer und gelassener in seiner Tätigkeit als Führungskraft.

Präsenz und ihre vier positiven Effekte

In den ersten Kapiteln dieses Buches haben wir schon deutlich gemacht, warum sich die Auseinandersetzung mit dem Thema Achtsamkeit lohnt.

Darum geht es aus unserer Sicht hauptsächlich: dass wir mit uns selbst und unserem Potenzial besser in Kontakt kommen und dadurch weniger unnötiges Leid für uns und unsere Umgebung produzieren.

Erfreulicherweise hat das vielfältige positive Auswirkungen. Dazu gibt es Unmengen an Forschung, Studien und Publikationen. Wir haben uns durch vieles durchgearbeitet und uns mit vielen Wissenschaftlern und anderen Experten unterhalten, um ein wenig Überblick in die Materie zu bringen. Herausgekommen sind vier Cluster, die den aktuellen Stand der Forschung in der Summe gut abdecken. Wir haben sie »die vier positiven Effekte von Achtsamkeit und Präsenz« genannt.

Andere Menschen, die sich für diese Themen interessieren, haben andere Cluster oder Sortierlogiken gefunden, die ebenfalls Sinn machen. Das Wesentliche scheint uns vor allem, die Unmengen an Forschungsergebnissen ein wenig zu bündeln und damit für den praktischen Führungsalltag nutzbar zu machen.

Die »vier Effekte« sind für Führungskräfte von hoher Bedeutung. Deshalb haben wir auch in der weiteren Darstellung den Fokus auf Führungsthemen gelegt. Mit der Zeit werden Sie aber feststellen, dass alle Lebensbereiche davon profitieren, wenn Sie präsenter und achtsamer werden.

Sam früher: das schlechte Führungsfeedback

Sam hat sich früher oft geärgert, dass sein Management-Feedback, das ihm seine Mitarbeiter jährlich ausstellen, zwar bei Aspekten wie »Unternehmergeist« oder »Ergebnisorientierung« sehr gute Werte aufwies, bei Themen wie »Vertrauen und Beziehungsqualität« und »Leadership« jedoch meist wesentlich schlechter ausfiel – und das, obwohl er sich sehr viel mehr Zeit für Mitarbeitergespräche genommen hat als viele andere Führungskräfte, die er kennt. Dabei hat er sich diese Zeit für seine Mitarbeiter bei seinem Arbeitspensum regelrecht »aus den Rippen« geschnitten, was ihn zusätzlich gestresst hat. So versuchte er diese Gespräche zumindest effizient durchzuführen: Kurz vor dem Gespräch checkte er noch seine Nachrichten auf der Mobilbox oder versuchte in kürzeren Gesprächspausen noch schnell eine Notiz für das gleich im Anschluss stattfindende Meeting zu machen.

Sam heute: Präsenz macht den Unterschied

Umso mehr freut es ihn, dass sich beim letzten Feedback seine Werte gerade hinsichtlich »Vertrauen und Beziehungsqualität« deutlich verbessert haben, und das, obwohl die Termine oft schon vor dem gesetzten Zeitrahmen vorbei waren. Das passt auch zu seiner eigenen Wahrnehmung. In den Textantworten im Führungsfeedback schreiben seine Mitarbeiter, dass sie ihn als präsenter, »einfach mehr da« erleben in den persönlichen Gesprächen. Ob es auch damit zu tun hat, dass er sich nun kurz vor dem Gespräch einen Moment auf die oder den Mitarbeiter einstellt, die gleich zur Tür hereinkommen werden, und Handy und PC während der Gespräche ausschaltet?

Präsenz, die den Raum füllt

Wir alle kennen das: Manche Leute kommen zur Tür herein, und niemand bekommt es auch nur mit. Andere betreten einen Raum und füllen ihn.
Eindrucksvoll haben wir hier Jon Kabat-Zinn erlebt, den Gründervater der säkularen Achtsamkeitsbewegung. Ob beim gemeinsamen Abendessen, im Gespräch zu zweit oder in kleiner Runde, beim Spazierengehen oder im Retreat mit 400 Menschen: Seine Präsenz erfüllt den Raum, egal, wie klein oder wie groß er gerade ist, er ist immer unaufdringlich und doch intensiv »da«. Mit seiner einfühlsamen Art dirigiert er große Gruppen wie unsichtbar und ermutigt Menschen, sich persönlich einzubringen und zu zeigen.

Führungskräften kommt heute vielerorts ihre disziplinarische Macht durch Agilisierung, Matrix- und Projektstrukturen zusehends abhanden. Umso wichtiger werden eine natürliche Überzeugungskraft und ihre Präsenz. Die hat vor allem mit der inneren Ausrichtung und dem »Ganz-da-Sein« zu tun, nicht zwingend mit der Dauer eines Gesprächs oder der Virtuosität eines Vortrags. Durch Achtsamkeitsübungen wird unsere Präsenz gestärkt, wie eine vor wenigen Monaten erschienene Studie eindrucksvoll belegt.

Wie beim Sport: Was ich trainiere, ist entscheidend

Das »ReSource Project« des Max-Planck-Instituts für Kognitions- und Neurowissenschaften in Leipzig ist die bisher umfassendste Meditationsstudie der Welt. Von den 241 Teilnehmern (beeindruckend niedrige »Drop-out-Quote« von 8 Prozent) wurden rund 90 Werte erhoben: von der Genetik über Hormonwerte, Hirnscans, Verhaltenstests bis hin zu Fragebögen und qualitativen Interviews. Diese Vielfalt erlaubt ganz neue Verbindungsmöglichkeiten: Wie verändern sich etwa durch bestimmte Übungen Gehirn, Gesundheit und Glücksempfinden? Ähnlich wie es auch beim Sport darauf ankommt, ob ich Ausdauer, Geschicklichkeit oder Schnelligkeit trainiere, zeigt die Studie, dass die eingesetzten Module tatsächlich jeweils andere Stärken haben, also verschiedene Fähigkeiten selektiv verbessern.[16] Unterschiedliche Achtsamkeitstechniken zahlen also auf verschiedene Effekte von Präsenz ein – manche mehr auf Fokus, andere mehr auf Kreativität, Resilienz oder Einfühlungsvermögen. Wie das geht, erfahren Sie in den nächsten Kapiteln.

Key Messages

» Zu den positiven Auswirkungen von Achtsamkeit und Meditation gibt es mittlerweile Tausende von Studien.

» Das Modell »Präsenz und ihre vier Effekte« fasst diese Auswirkungen übersichtlich zusammen.

» Ähnlich wie in anderen Lebensbereichen (etwa im Sport) haben unterschiedliche Techniken auch unterschiedliche Effekte.

Reflexionsfragen

• Kennen Sie Menschen, die mit ihrer Präsenz den Raum füllen? Was ist Ihre Vermutung, woran dies liegt?

• Gibt es einen der Effekte, der besonders interessant für Sie ist? Dann konzentrieren Sie sich im Weiteren doch besonders auf diesen.

Fokus und Effizienz

Sam erkennt nun, warum seine Intelligenz manchmal auf das Niveau eines Kindes schrumpft, Multitasking tatsächlich nicht funktioniert und wie er sich auf eine Zukunft vorbereiten kann, in der es um »Survival of the focused« gehen wird.

Früher war Sam abgelenkt und überreizt. Sobald er morgens erwachte, ist er, wie die meisten von uns, mit einem Strom von Ablenkungen konfrontiert gewesen. Anrufe, E-Mails, Kurznachrichten, Sprachnachrichten, Bildnachrichten, dringende Fragen und so weiter. Die wechselnden Eindrücke strapazierten sein System, aktivierten schon früh am Morgen seine Amygdala und schrumpften seine Aufmerksamkeitsspanne. Auch in Sams Führungsetage gehört Stress wie bei vielen Führungskräften zum Lebensstil. Wer Zeit hat, wirkt oft suspekt.

Bei genauerem Hinsehen stellt Sam fest, dass es gewisse innere Stressoren (Stressfaktoren) gibt, die ihn belasten – etwa sein Anspruch, alles selbst und perfekt zu machen –, aber auch äußere Stressoren wie eben die Informationsflut, die unaufhörlich über ihn hereinbricht. Er hat den Eindruck, dass er sich kaum noch fünf Minuten auf eine Sache konzentrieren kann und dadurch häufig nicht besonders effizient ist. Obwohl seine Tage gefüllt sind, hat er abends den Eindruck, nicht viel geschafft zu haben.

Weniger lange bei der Sache als ein Goldfisch

Die Digitalisierung hat enorm viele Vorteile mit sich gebracht – aber auch eine klare Kehrseite. Der »Homo digitalis«[17] hat zunehmend Schwierigkeiten, bei der Sache zu bleiben, und unsere Aufmerksamkeitsspanne sinkt nicht nur seit Jahren rapide (momentan liegt sie bei acht Sekunden), sondern liegt mittlerweile laut einer Studie von Microsoft Kanada aus dem Jahr 2015 schon unter der eines Goldfisches (neun Sekunden).[18] Auch wenn dieser Befund vielleicht in den Bereich der »Anekdote« geht (genaue Quellen finden sich in der Studie leider nicht), so macht er eindrücklich bewusst, was wir alle feststellen: Unser Konzentrationsvermögen lässt nach.

In den USA gibt es bereits einen Namen für dieses Phänomen: Dr. Edward Hallowell, amerikanischer Psychiater und Dozent der *Harvard Medical School,* spricht vom sogenannten »Attention Deficit Trait« (ADT) – einer antrainierten Aufmerksamkeitsstörung. Die Symptome sind zum Beispiel innere Unruhe, leichte Ablenkbarkeit, Schwierigkeiten beim Prioritätensetzen und beim Organisieren des Alltags.[19]
Permanent lassen uns Handy und Computer durch Töne oder bunte Zeichen wissen, dass Neues, möglicherweise Wichtiges auf uns wartet. Als Resultat davon aktivieren wir den Bildschirm unseres Smartphones im Schnitt 88 Mal pro Tag. 53 Mal davon entsperren wir es, um damit zu interagieren.[20] Dabei nehmen wir in Kauf, dass unsere mentalen Fähigkeiten durch ständige E-Mails und SMS auf ein Niveau absinken, ähnlich dem nach einer schlaflosen Nacht bzw. stärker, als wenn wir Cannabis konsumieren würden, so fanden Forscher an der *University of London* heraus.

Mythos Multitasking

Haben Sie schon mal versucht, parallel einen Anruf zu tätigen und dabei einen Weg, zum Beispiel zu einem Supermarkt, zu finden, den Sie noch nicht kennen? Das ist fast unmöglich und gibt uns eine Idee, wie wenig unser Gehirn multitaskingfähig ist. Denn sogar die Hirnleistung eines Harvard-Studenten schrumpft auf die eines Grundschulkinds, wenn er versucht, zwei komplexere Dinge gleichzeitig zu managen. Wenn Sie noch nicht überzeugt sind, dann machen Sie einmal folgende Übung: Stoppen Sie die

Zeit, und schreiben Sie zügig in die erste Zeile: MULTITASK. Danach schreiben Sie unter jeden Buchstaben eine Zahl, und zwar die Zahlenreihe: 123456789. Zuletzt schreiben Sie Schritt für Schritt die Buchstaben »A« bis »I« unter die Zahlen.

So sollte das nun auf Ihrem Blatt stehen:

M U L T I T A S K
1 2 3 4 5 6 7 8 9
A B C D E F G H I

Wiederholen Sie die Übung, aber schreiben Sie nun nicht Linie für Linie, sondern Spalte für Spalte. Also M 1 A, U 2 B usw. Auf die Vorlage zu schauen ist natürlich verboten!

Stoppen Sie dabei wieder die Zeit, die Sie insgesamt brauchen. Wenn Sie beim zweiten Schritt schneller sind als beim ersten, wären Sie damit der erste von vielen tausend Teilnehmern. Dabei wird klar: Multitasking ist eigentlich »Shift-Tasking«. Da sich das Gehirn nicht auf zwei Dinge konzentrieren kann, pendelt unsere Aufmerksamkeit von einem Reiz zum nächsten. Das verbraucht Energie und macht uns ineffizient. Dazu gibt es mittlerweile eine ganze Reihe von Untersuchungen.[21]

Unser Gehirn ist nicht dazu in der Lage, mehrere komplexe Tätigkeiten gleichzeitig zu koordinieren. Der Versuch führt zu einem Leistungsabfall. Wenn wir alles zugleich machen wollen, dann wird nichts davon wirklich gut. Ein Unternehmer, der uns mit der Kunst der Fokussierung tief beeindruckt hat, ist Götz Werner. Der Gründer der *dm*-Drogeriemärkte blickt auf eine jahrzehntelange Meditationspraxis zurück. Seine Fähigkeit, den

Fokus zu halten, war schon legendär, als wir Anfang der 2000er-Jahre begonnen haben, mit ihm zusammenzuarbeiten. Wir erinnern uns an intensive Besprechungen, in denen er den Bogen bemerkenswert weit spannen und doch immer wieder präzise zum Ausgangspunkt zurückführen konnte. Götz Werner kannte Hunderte Mitarbeiter mit Namen.

Programmierte Sogwirkung und die Degeneration unserer Willenskraft

Dabei ist es gar nicht erstaunlich, dass es uns so schwerfällt, unser Smartphone mal liegen oder gar ausgeschaltet zu lassen. Wir sind ja keine Dummköpfe oder schwach, wenn wir der Sogwirkung des kleinen Dings nicht widerstehen können. Die Hersteller wissen sehr genau, wie das menschliche Gehirn funktioniert, und gestalten die Geräte und Apps entsprechend. Im Grunde haben wir es mit Mini-Spielautomaten zu tun: Jedes Mal, wenn wir danach greifen, löst das in unserem Gehirn einen Dopamin-Schub aus. Dopamin ist ein wichtiger Botenstoff des Nervensystems, der unter anderem mit Motivation und Vergnügen in Zusammenhang steht. Er löst Glücksgefühle aus, wenn wir etwa essen, Sex haben oder Suchtmittel konsumieren – und er weckt in uns den Wunsch nach Wiederholung. Genau dieser Mechanismus ist nicht nur im Smartphone bewusst eingebaut: »Gamification« und Belohnungsmechanismen sind heute von Facebook bis WhatsApp überall zu finden und werden in Zukunft immer noch subtiler und potenter eingesetzt werden. Deshalb wird unsere Produktivität zunehmend davon abhängen, die Verführung zur *Defokussierung* zu erkennen und ihr etwas entgegenzusetzen. Unsere Fähigkeit zur Selbstführung und unsere Aufmerksamkeitsspanne sind eng miteinander verbunden. Je mehr unsere Konzentrationsfähigkeit und die entsprechenden Hirnregionen verkümmern, desto weniger können wir uns einfach sagen: »So, jetzt arbeite ich mal richtig fokussiert.«

Survival of the focused

Unser Geist muss diese Fähigkeit erst wieder trainieren. Ein wunderbares Mittel dazu: unsere Aufmerksamkeit gezielt ausrichten und bei einem bestimmten »Anker« (zum Beispiel dem Atem, einem Wort, einer Aufgabe) bleiben.

Das ist Fokus!

Diese Übung ist sozusagen das Gegenmittel gegen negative Effekte der Digitalisierung. Der bekannte Zukunftsforscher Matthias Horx hat den Megatrend Achtsamkeit schon vor Jahren prognostiziert: »In einer überfüllten, überreizten, überkomplexen Welt müssen wir auf neue Weise lernen, uns auf uns selbst zu besinnen. Achtsamkeit ist so gesehen die zwingend notwendige Fähigkeit, uns zu ent-reizen.«

Wenn wir uns bewusst machen, dass unser Gehirn von sieben Dingen gleichzeitig komplett überfordert ist[22], erkennen wir, wie wir im Job permanent am Limit agieren. Schlimmer noch: Wir schaden mit dieser Defokussierung sogar unseren eigenen Kindern: Eltern, die oft geistig abwesend sind, geben dieses Verhalten an ihre Kinder weiter, da Kinder durch Nachahmung lernen. Die Fähigkeit unserer Kinder, ihre Aufmerksamkeit zu halten, ist ein starker Indikator für späteren Erfolg in Bereichen wie Spracherwerb, Problemlösungsfähigkeiten und anderen zentralen kognitiven Entwicklungsschritten.[23]
Um unsere Kinder auf die Welt von morgen vorzubereiten, müssen wir also selbst (wieder) lernen, den Fokus zu halten, um diese Fähigkeit an unsere Kinder weitergeben zu können.

Wandering Mind – unhappy Mind

Übrigens hat die Forschung gezeigt, dass wir nicht nur am leistungsfähigsten, sondern auch am glücklichsten sind, wenn wir uns im Flow befinden. Psychologen der *Harvard*-Universität haben eine Studie veröffentlicht, für die Teilnehmer via App immer wieder danach befragt wurden, was sie gerade tun und wie sie sich dabei fühlen. Das Ergebnis war erstaunlich: Ob sich die Menschen in einem Moment glücklich fühlten, hing weniger von der Art der Tätigkeit ab, als davon, ob sie ganz bei der Sache sein konnten. Ablenkungen und Zerstreuung führten dazu, dass sich die Stimmung verschlechterte.[24]

Sam heute: immer wieder neu fokussieren

Heute achtet Sam auf viele Prinzipien, die wir schon weiter vorne beschrieben haben: Er kennt seine biologische Uhr und achtet bei der Erledigung der Aufgaben auf den richtigen Zeitpunkt, damit er nicht zu sehr zwischen kreativen, anspruchsvollen Denkarbeiten und Routinearbeiten hin und her wechselt und damit unnötige Energie verbraucht. Um Dinge abzuschließen, hat er für sich kleine Rituale geschaffen, die ihm helfen, die innere Leinwand zu leeren, also den Kopf frei zu kriegen für die neue Aufgabe. So trinkt er zum Beispiel nach der Erledigung einer wichtigen Arbeit in Ruhe eine Tasse Tee oder Kaffee, oder er stellt sich ans offene Fenster und nimmt einige tiefe Atemzüge. Er reduziert äußere Ablenkungen (zum Beispiel Klingeltöne und den Mail-Eingangs-Alarm) und bemerkt äußere Ablenkungen und Signale seines sensorischen Systems (Unruhe, Überforderung, Ärger) viel schneller und reagiert entsprechend mit einer Pause, Sport, Essen oder einer Runde um den Block, um sich dann erneut fokussieren zu können.

Rauf, runter, rüber, her und wieder zurück: unser Affenverstand

Unser Geist hat nicht erst seit der Erfindung von Mobiltelefonen die Tendenz, abzuschweifen. Meditierende haben bereits vor Tausenden Jahren beobachtet, dass unser Bewusstseinsstrom im Alltag eher chaotisch und sprunghaft ist, dass wir dazu neigen, von einem Inhalt zum nächsten zu wechseln, in die Vergangenheit und in die Zukunft abzuschweifen, uns in Details oder Nebensächlichkeiten zu verlieren oder uns von äußeren Reizen ablenken zu lassen. Es ist deshalb häufig vom »monkey mind« die Rede, der wie ein wild gewordener Affe von einem Ort zum anderen springt. Ein wesentliches Ziel der Meditationspraxis ist es, mit diesem unsteten Geist vertraut zu werden und ihn zu schulen.

Unser Affenverstand …

… gezähmt

Mit bestimmten fokussierenden Achtsamkeitspraktiken, die die Aufmerksamkeit bündeln, können wir unsere Aufmerksamkeit stärken (Metaanalysen zeigen hier eindeutige Effekte). Sehr gut untersucht ist beispielsweise, dass Achtsamkeitsmeditation die »exekutive Aufmerksamkeit« verbessert, also die Fähigkeit, Störreize auszublenden[25].

Chade-Meng Tan, der Achtsamkeitspionier bei Google, hat die Qualität eines erhöhten Fokus sehr treffend so beschrieben: »Bei der fokussierten Aufmerksamkeit haben wir es mit der starken Aufmerksamkeit auf ein gewähltes Objekt zu tun. Sie ist stark, stabil und unerschütterlich. Sie ist wie Sonnenlicht, das von einer Linse zu einem intensiven Strahl gebündelt wird und auf einen einzigen Punkt fällt.«[26]

Wir können also die Affen in unserem Kopf dressieren, oder wenn Sie Hunde lieber mögen als Affen, gefällt Ihnen diese Metapher vielleicht besser: Wir können uns den Geist wie einen jungen Welpen vorstellen, dem wir das Kommando »Platz« beibringen. Er soll lernen, an einer Stelle sitzen zu bleiben, bis man ihm erlaubt, wieder herumzutollen. Natürlich wird der Kleine zunächst immer wieder davontapsen. Unsere Aufgabe ist es, ihn sanft, aber beharrlich immer wieder auf seinen Platz zurückzuholen. Natürlich braucht es dafür Geduld: Wenn wir nach wenigen Versuchen aufgeben, dann wird das nichts mit der Hundeerziehung. In diesem Sinne: Auf geht's in die erste Übung: Plaaaatz …!

Fokus »Atem-Anker«

Die Atemmeditation ist eine grundlegende Übung und wird oft zum Einstieg vorgeschlagen. Denken Sie daran, dass es wie beim Sport ist: Etwas Training braucht es zu Beginn. Es entspricht der Natur unseres Geistes, dass er abschweift. Bringen Sie Ihre Aufmerksamkeit einfach wieder zurück zum Atem, wann immer

Sie abschweifen, und wenn es sein muss, hundertmal. Wenn Sie noch unsicher sind, wie Sie sich setzen sollen und was es zu beachten gibt: Genauere Anleitungen finden Sie im Abschnitt »Formale Praxis«.

Key-Practice: Atem-Anker

Wenn Sie sich dafür entschieden haben, im Sitzen zu üben, dann kommen Sie in einen aufrechten Sitz Ihrer Wahl. Sie müssen dazu Ihre Beine nicht im Lotossitz verknoten – das bringt Sie der Erleuchtung keinen Schritt näher. Eine Möglichkeit ist es, auf einem Meditationskissen oder -bänkchen, im Fersensitz oder mit gekreuzten Beinen zu sitzen. Aber auch das Sitzen auf einem Stuhl ist völlig in Ordnung. Achten Sie in diesem Fall darauf, dass die Beine parallel stehen und die Fußsohlen gut am Boden aufliegen.

Wichtig ist, dass Sie dazu in der Lage sind, eine Weile mit aufrechter Wirbelsäule und gleichzeitig möglichst entspannt zu sitzen. Sie sollen sich wohlfühlen, aber auch eine gewisse Würde verkörpern.

Wenn es Ihnen angenehm ist, dann schließen Sie die Augen. Aber auch hier können Sie flexibel bleiben: Wenn Sie sich sehr müde fühlen oder Ihnen das Sitzen mit geschlossenen Augen sehr unangenehm ist, dann lassen Sie die Augen sanft geöffnet, und richten Sie den Blick ca. zwei bis drei Meter vor sich auf den Boden. Lassen Sie den Blick dort ruhen, ohne aktiv zu schauen.

Bringen Sie Ihre Aufmerksamkeit dann zum natürlichen Rhythmus Ihrer Atmung. Versuchen Sie nicht, besonders langsam oder gleichmäßig zu atmen. Lassen Sie Ihre Aufmerksamkeit einfach auf den Wellen der Atmung ruhen – so, wie sich ein Schiff niederlässt auf den Wogen des Meeres.

Suchen Sie einen Bereich Ihres Körpers, wo Sie den Atem jetzt gerade gut fühlen können, zum Beispiel an den Nasenflügeln, wo die Atemluft kühl einströmt und etwas wärmer ausströmt. Oder an der Brust oder Bauchdecke, die sich mit der Atmung heben und senken. Sie müssen nicht immer den gleichen Ort wählen. Spüren Sie hin, wo es Ihnen an diesem Tag am leichtesten fällt, die Atmung zu beobachten. Bleiben Sie mit Ihrem Bewusstsein bei diesem Bereich.

Ihr Geist wird ganz unvermeidlich abschweifen. Das ist völlig normal. Kritisieren Sie sich nicht, ärgern Sie sich nicht. Bemerken Sie es einfach, und dann lenken Sie den Fokus freundlich und konsequent zurück zum Ankerpunkt Ihrer Aufmerksamkeit.

Micro-Practice: Sechs-Sekunden-Pause[27]

Nehmen Sie einen bewussten Atemzug und fühlen Sie, wie Sie beim Ausatmen entspannter und konzentrierter werden. Eignet sich vor einem Telefonat, Meeting oder Vortrag.

Key Messages

» Unser Verstand ist sprunghaft und schwer zu bändigen (»monkey mind«).

» Hinzu kommt die Reizüberflutung durch unsere moderne, digitalisierte Welt, die unser Gehirn ununterbrochen überstimuliert und damit stresst.

» Dadurch degenerieren die Hirnregionen, die für unsere Aufmerksamkeitsspanne, Konzentrationsfähigkeit und Willenskraft verantwortlich sind.

» Alle Achtsamkeitsübungen haben damit zu tun, dass sie unsere Fokussierungskompetenz stärken und weiterentwickeln. Einige Techniken sind dafür besonders gut geeignet.

Reflexionsfragen

• Ist das Thema »Fokussierung« auch für Sie von Bedeutung?

• Was sind Ihre Lieblingsverführungen zur »Defokussierung«? Welche Reize lenken Sie besonders häufig und stark ab? In welchen Situationen sind Sie damit konfrontiert?

• Wie gehen Sie heute damit um? Was hilft Ihnen heute schon, sich besser zu konzentrieren?

Kreativität und Innovationsfähigkeit

Sam erfährt, warum unser Gehirn unter Druck auf stur schaltet und dadurch wenig Innovation möglich ist – und wie er aus Innovations-Sackgassen herausfindet und seine Fähigkeit zu Geistesblitzen verstärken kann.

Stress macht unkreativ

»Ich erwarte ein innovatives Konzept für die anstehende Kundenakquise bis 17:00 Uhr.« Diese Worte hallen in Sams Kopf, als er von dem Vorstandstermin in sein Büro zurückkommt. Angesichts der Mails, die er dringend bearbeiten muss, der Meetings und der Telefonate fragt er sich, wie er sich dazwischen eine völlig neue Konzeption ausdenken soll. Er setzt sich an seinen PC, öffnet die Datei mit dem alten Akquise-Konzept und versucht kreativ zu sein. Kurz darauf steckt eine Mitarbeiterin den Kopf in sein Büro. Sie benötigt eine wichtige Information für einen Vortrag, woraufhin ihm einfällt, dass der neue Wettbewerber aus dem *Silicon Valley* auf der letzten Konferenz eine atemberaubende Produktpräsentation gezeigt hat. Er spürt einen Kloß im Hals. Gerade unter diesen Bedingungen eines neuen Mitbewerbers wäre es wichtig, dass sein Unternehmen in der Kundenakquise vorwärtskommt. Er versucht sich zu konzentrieren. Es muss ihm doch etwas einfallen, doch die Zeit verstreicht. Er steckt in einer gedanklichen Sackgasse. Um 17:05 Uhr schickt er entnervt und besorgt einen halbgaren Entwurf an den Vorstand. So oder so ähnlich lief das bei Sam früher häufig.

Von Blumen und Bienen

Wie Sam geht es heute vielen. Auf der einen Seite herrscht ein hoher Innovationsdruck, auf der anderen Seite gibt es enge To-do-Listen, die die Arbeitstage strukturieren. Dazwischen ist kaum Raum für Innovation. Neuerungen sind aber nur möglich, wenn wir die engen Grenzen unseres Alltagsbewusstseins öffnen und frischen Wind hereinlassen können. Kreativität braucht Freiräume, in denen sie auftauchen kann.

Der CEO eines Automobilkonzerns brachte am Rande einer Konferenz eine treffende Metapher zu diesem Dilemma: Das sei, so meinte er, wie wenn man Bienen den ganzen Tag im Stock einsperre und sich wundere, dass sie nie zu einer Blume flögen oder gar Honig brächten. Genauso eingesperrt in Meetings und To-do-Listen sind die Gehirne von Mitarbeitern. Da bleibt keine Möglichkeit, sich inspirieren zu lassen und Freiräume zu erleben. Einige Unternehmen reagieren bereits und lassen ihren Mitarbeitern mehr Raum für Kreativität, zum Beispiel dadurch, dass diese einen gewissen Anteil der Arbeitszeit für eigene Projekte bzw. für soziale Aktivitäten verwenden können, die völlig losgelöst sind von ihrer Arbeit.

Marie weiß mehr ...

... über Wannenbad und Fallobst.

Dass neue Einfälle meist nicht unter Zeitdruck am Schreibtisch entstehen, daran hat sich seit Archimedes und Newton nichts geändert. Archimedes, der Vorreiter der modernen Naturwissenschaften, sollte herausfinden, ob die Krone Hierons aus purem Gold bestand oder nicht. Ein verzwicktes Problem. Er legte sich irgendwann in die Badewanne, um sich von der ganzen Grübelei ein wenig auszuruhen. Dabei bemerkte er, wie sein Körper Wasser verdrängte, das aus der Wanne plätscherte. Zack, traf ihn die Erkenntnis, dass ein Stück reinen Goldes mit dem gleichen

Gewicht wie die Krone dieselbe Menge Wassers verdrängen müsste wie die Krone selbst. Er hat es dann, so die Anekdote weiter, ausprobiert und musste Hieron enttäuschen: Die Krone war eindeutig nicht aus purem Gold.

Auch die Gravitationstheorie entstand der Legende nach nicht in der Studierstube. Sir Isaac Newton saß in seinem Obstgarten, ein Apfel fiel ihm auf den Kopf und zündete den Geistesblitz zur Massenanziehung.

Von Archimedes, Newton und Sam lernen

Auszeiten fürs Hirn!

Was hätte Sam aus der Situation von eben lernen können? Er hätte lernen können, sich eine Auszeit von seinem Vertriebskonzept zu nehmen. Doch die Erfahrung, dass sich gute Ideen leider nicht auf Kommando herbeirufen lassen, gefällt dem Macher in uns nicht besonders. Schließlich will er die Dinge unter Kontrolle haben.

Wenn wir aber eine Sache intellektuell erfasst haben, indem wir die Fakten recherchiert und die Eckdaten eines Projektes kennengelernt haben, sollten wir uns erlauben, Weite zu erzeugen. Wenn wir an dem Punkt unsere Gedanken eher schweifen lassen, indem wir eine Runde spazieren gehen, Sport machen oder uns ein warmes Bad gönnen, dann kommt häufig ganz unvermutet die entscheidende Einsicht, wie es David Rock[28] nennt. Wann immer wir eine Auszeit von einem Problem nehmen, »verringern sich die aktiven gedanklichen Verschaltungen«, so Rock. Sam hätte sich nach dem ersten Grübeln und Skizzieren lieber mit etwas Interessantem oder gar Amüsantem beschäftigen sollen. Studien konnten nachweisen, dass immer intensivere Konzentration keine Vermehrung der Einsichten oder Einfälle zur Folge hat. Laut Rock sogar im Gegenteil: Der Versuch, sich stärker zu konzentrieren, »vermindert ab einem gewissen Punkt neue Einsichten«.[29]

Die Kreativität im Denken ist also eine wichtige Voraussetzung für Innovationen. Der Autopilot unseres Denkens führt uns immer wieder in bereits bekannte Bahnen. Daher ist es unbedingt notwendig, dass wir den Autopiloten verlassen, um den neuen Denkstrukturen der Kreativität Platz zu machen.

Offenes Gewahrsein als Gegenteil von fokussierter Aufmerksamkeit

Die Bereitschaft für Geistesblitze lässt sich trainieren. Die Form der Aufmerksamkeitsfokussierung, die es dafür braucht, wird als »offenes Gewahrsein« bezeichnet (oder als »offene Aufmerksamkeit«).
Wenn wir unsere Fokussierungskompetenz trainieren, richten wir unsere ganze Aufmerksamkeit auf einen einzigen Ankerpunkt wie die Katze auf das Mauseloch. Wenn wir die Bereitschaft für Geistesblitze, also das offene Gewahrsein trainieren, bewegen wir uns ganz ans andere Ende der Skala: War unser Fokus vorher eng wie ein Punkt, ist er jetzt so weit und offen, dass alles darin Platz hat – auch die verrückteste Idee und völlig schräge, unerwartete Signale. Aber auch hier bleibt er konstant

und ruhig, statt sich im »Monkey-Mind-Modus« von jedem Impuls davontragen zu lassen.

Chade-Meng Tan beschreibt das so: »Die offene Aufmerksamkeit ist bereit, sich jedem Objekt zuzuwenden, das im Geist entsteht oder von den Sinnen aufgenommen wird. Sie ist offen, wendig und einladend. Sie ist wie der Sonnenschein, der auf alles fällt.«[30]

Wir sind für alles offen und lassen es durchziehen wie Wolken am Himmel. Egal, ob ein Gewitter tobt oder sanfte Wölkchen vorbeihuschen: Der blaue Himmel bleibt dabei klar und ruhig. Genauso können wir klar, ruhig und entspannt beobachten, was in unserem Bewusstsein auftaucht. Wir greifen nicht danach, das heißt, wir lassen uns von Gedanken oder Emotionen nicht davontragen. Ich lasse also in diesem Modus alles an mein Bewusstsein dringen, was sich zeigt: Gedanken, Gefühle, Körperempfindungen, Geräusche usw. Bitte nichts festhalten, sondern nur wahrnehmen, loslassen und in die Offenheit gehen, bis zum nächsten »Event« in mir oder um mich herum.

Marie weiß mehr ...

... über Forschung zu Achtsamkeit und Kreativität.

Lorenza Colzato und ihre Kollegen zeigen in einer Studie[31], dass verschiedene Arten von Meditation unterschiedliche Auswirkungen haben: Sie haben Personen untersucht, die sich Kreativitätstests unterzogen. Die Teilnehmer schnitten nach der »offenen Beobachtungsmeditation« (open monitoring) im Kreativitätstest signifikant besser ab als nach der

Meditation zur »fokussierten Aufmerksamkeit« *(focussed attention)*. Dies betraf die Kategorien Flexibilität im Denken, Produzieren einer großen Anzahl an Ideen und auch die Originalität dieser Ideen. Nach einer Meditation zur »offenen Aufmerksamkeit« verfügten die Teilnehmer also über mehr Kreativität, neue Ideen und höhere Werte beim experimentierfreudigen Denken.

Eine weitere Studie hat die Dauer der eigenen Achtsamkeitspraxis und deren Zusammenhang mit der Kreativität untersucht: Viel Achtsamkeitserfahrung (über neun Jahre) im Gegensatz zu weniger Achtsamkeitserfahrung (ca. fünf Jahre) ging darin einher mit signifikant besseren Ergebnisse in der Produktion einer großen Anzahl an Ideen.[32]

Otto Scharmer unterrichtet an der renommiertesten Universität der Welt, dem MIT in Boston, an der *MIT Sloan School of Management.* Er interessiert sich seit jeher für die Frage, wie Gruppen durch Achtsamkeit zu tiefgreifenden innovativen Lösungen kommen können. Aus dieser Frage ist seine berühmte »Theory U« ebenso entstanden wie das u.lab-Programm, über das sich bisher über 100 000 Menschen in 185 Ländern zu Innovationsprojekten zusammengefunden haben[33]. Seine Methoden inspirieren Führungskräfte und Unternehmen weltweit in ihren Entwicklungsfragen. Ein zentraler Gedanke, den er auch beim Salzburger Achtsamkeitsforum eindrücklich demonstriert hat: Wie sich eine Situation entwickelt, hängt davon ab, wie man an sie herangeht, das heißt von der eigenen Aufmerksamkeit und Achtsamkeit.

Meditatives Zirkeltraining

Den ersten Teil dieser Praxis kennen Sie schon aus dem Abschnitt »Fokus und Effizienz«. Wir beginnen wieder mit der Atemmeditation plus Fokussierung. Dann weiten wir jedoch unseren Geist und lassen alles in unser Bewusstsein dringen, ohne es innerlich festzunageln.

Das können Gedanken, Gefühle, Körperempfindungen sein. Diesen offenen Fokus zu halten ist zu Beginn gar nicht einfach. Wenn es Ihnen ein paar Sekunden gelingt – wunderbar! Wir ermutigen Sie dazu, zwischen den beiden Formen der Achtsamkeit – also der fokussierten und der offenen Aufmerksamkeit – hin- und herzuwechseln. Es erinnert an das »Zirkeltraining« beim Sport, wo sich Kraft- und Ausdauersequenzen abwechseln. So werden unterschiedliche Fähigkeiten in einer Übungseinheit trainiert, und Sie werden den Unterschied noch klarer wahrnehmen.

Key-Practice: Meditatives Zirkeltraining*

Nehmen Sie wieder eine würdevolle und zugleich entspannte Sitzhaltung Ihrer Wahl ein. Wenn es Ihnen angenehm ist, schließen Sie die Augen. Ansonsten richten Sie den Blick sanft vor sich auf den Boden.

Üben Sie nun die Konzentration auf den Atem (die Atemoder »Dreipunkt-Meditation«). Wann immer Ihre Aufmerksamkeit abschweift – was sie unvermeidlich tun wird –, bringen Sie sie sanft und beharrlich zurück zu Ihrem Anker: der Atmung. Üben Sie dies ca. drei Minuten lang.

---

* Diese Übung haben wir von Chade-Meng Tan, dem Achtsamkeitstrainer von Google, übernommen. Tan, Chade-Meng (2012): *Search Inside Yourself.* München 2012.

Dann wechseln Sie zur offenen Aufmerksamkeit bzw. dem offenen Gewahrsein. Weiten Sie also das Feld Ihrer Aufmerksamkeit maximal aus und halten Sie es für das gesamte Spektrum möglicher Erfahrungen offen. Alles, was auftaucht, darf da sein. Sie bemerken es und halten einfach nicht daran fest. Bleiben Sie auch dabei ca. drei Minuten lang.

Wiederholen Sie den Wechsel zwischen Konzentration und offenem Gewahrsein während der Meditation mehrmals. So üben Sie, flexibel zwischen beiden Zuständen hin- und herzuwechseln, und können im Alltag darauf zurückgreifen.

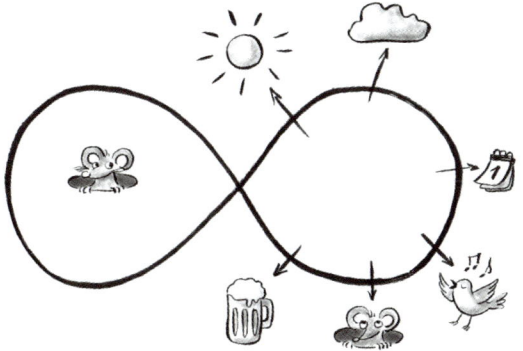

Links: Fokussieren Sie Ihre Aufmerksamkeit auf Ihren Atem wie die Katze aufs Mausloch. Rechts: Öffnen Sie Ihren Geist für alles, was in Ihrem Bewusstsein auftaucht. Nehmen Sie den Reiz wahr und lassen Sie ihn wieder los. Kehren Sie ins ruhige, offene Gewahrsein zurück.

Ein Tipp: Manchen Menschen fällt es leichter, den Zustand des offenen Gewahrseins zu entwickeln, wenn sie dabei die Technik des sogenannten »Labelings« verwenden: Was auch immer in Ihrem Bewusstsein auftaucht – benennen Sie es kurz als Zeichen, dass sie es registriert haben und wieder loslassen.

»Vogelgezwitscher … … … Durst … der Gedanke an ein kühles Bier … der Gedanke ›Gleich muss ich noch Peter anrufen. Hoffentlich vergesse ich das nicht!‹ … der Impuls aufzustehen … der Gedanke: ›Noch nicht!‹ … … … … … … … … Einatmen … Ausatmen … Kitzeln auf der Nase … … … Einatmen … Ausatmen …«

Probieren Sie's aus!

Und noch ein Tipp: Für viele ist der Zugang zum offenen Gewahrsein am besten übers »Lauschen«, also den Gehörsinn zugänglich. Dabei ist Ihr Fokus nicht auf allen Sinneskanälen völlig offen, aber offen für alles, was an Ihr Ohr dringt.

Micro-Practice: »Ohren auf«

Nehmen Sie für eine Minute Geräusche um Sie herum bewusst war. Versuchen Sie sie dabei nicht aktiv zu forcieren, sondern eher »an Ihr Ohr dringen zu lassen«. Dies ist eine gute Vorübung für den Übergang zum offenen Gewahrsein.

Die meisten Menschen können den Zustand des »offenen Gewahrseins« besser kultivieren, wenn sie davor ein gewisses Maß an Aufmerksamkeitsfokussierung entwickelt haben. Wir empfehlen daher tendenziell, die eigene Praxis mit der Stärkung Ihres Fokus zu beginnen.

Key Messages

» Innovationskraft hängt maßgeblich davon ab, dass wir uns mit unserem kreativen Potenzial verbinden können.

» Diese Verbindung erfordert »offenes Gewahrsein«, einen bestimmten mentalen Zustand, der in gewisser Hinsicht das Gegenteil der fokussierten Aufmerksamkeit aus dem vorigen Kapitel darstellt.

» Gewahrsein ist dabei ein Schlüsselwort: Im Unterschied zum unachtsamen Modus des »monkey mind« sind wir uns in diesem Zustand aller Reize bewusst, die auf uns einströmen, und lassen unser Bewusstsein nicht davon »entführen«.

» Auch diesen Zustand können wir trainieren und es unserem Gehirn damit erleichtern, geschmeidig zwischen beiden Zuständen (Fokus und Offenheit) zu wechseln.

» Reines Fokustraining ohne den Wechsel ins offene Gewahrsein scheint dagegen nach den neuesten Erkenntnissen nicht wesentlich zu mehr Kreativität beizutragen.

Reflexionsfragen

• Haben Sie sich schon einmal Gedanken gemacht, was Ihnen dabei hilft, kreative neue Lösungen zu entwickeln? Skizzieren Sie Ihre Erfahrungen ein wenig.

• Wie weit passen Ihre Erfahrungen mit den Inhalten dieses Kapitels zusammen?

• Den Zustand des »offenen Gewahrseins« haben die meisten Menschen schon einmal erlebt. Nur können sich viele danach nicht mehr genau daran erinnern und vergessen ihn wieder. Können Sie sich noch an eine derartige Erfahrung erinnern?

• Beschreiben Sie in ein paar eigenen Worten, was Sie da erlebt haben.

Vitalität und Resilienz

Eine manchmal unvermeidbare Situation: In diesem Abschnitt lernt Sam den Amygdala-Hijack kennen und warum wir uns auf dem Weg zur Arbeit manchmal wie im Kampfjet fühlen. Er fragt sich, woran er einen Spitzenmanager erkennt und was Selbstführung damit zu tun hat, selbst einer zu werden.

Sam telefoniert mit einem wichtigen Kunden, der unzufrieden ist und droht, den bereits vereinbarten Auftrag zurückzunehmen. Im Verlauf des Gesprächs gerät Sam zunehmend unter Spannung. Als Hintergrundfilm laufen Gedanken, wie sich ein möglicher Rückzug auf seinen Ruf auswirkt bzw. welche Folgen der finanzielle Verlust für den gesamten Erfolg der Firma haben wird. Sam ist zunehmend angespannt und unkonzentriert. Das wirkt sich natürlich auch negativ beim Kunden aus, der das Gefühl hat, Sam widme ihm nicht seine volle Aufmerksamkeit. Auch Sams Ton transportiert die Anspannung. Hätte er nicht gerade einen wichtigen Kunden in der Leitung, wäre er schon längst explodiert. Puls, Blutdruck und Stresshormone sind während des Telefonats in die Höhe geschnellt, und nun steht auch noch ein wichtiger Vorstandstermin an …
Sam wird klar, dass er auch in solchen wichtigen Situationen etwas an seiner Einstellung ändern muss. Er fragt sich, woran man einen Spitzenmanager erkennt und was Selbstführung damit zu tun hat, selbst einer zu werden.

Der »Amygdala-Hijack« und seine Kosten

Bei dem, was Sam erlebt hat, spielt die Amygdala eine zentrale Rolle. Sie kennen unsere Alarmzentrale bereits aus den vorherigen Kapiteln. Wird ein Reiz als gefährlich identifiziert, folgt automatisch die ganze Stresskaskade in unserem Körper. Vielleicht erinnern Sie sich noch daran, dass dieser anhaltende Stress zu zahlreichen gesundheitlichen Problemen führt, konstruktive soziale Interaktionen untergräbt und uns von unserer Fähigkeit abschneidet, gute Entscheidungen zu treffen.

Schon bei der Anfahrt zur Arbeit kann es zum »Amygdala-Hijack« kommen. Forscher haben den Erregungszustand von Auto-Pendlern gemessen und festgestellt, dass im morgendlichen Berufsverkehr der durchschnittliche Erregungslevel der Autofahrer auf den eines Kampfjet-Piloten ansteigt[34]. Solche dauerhaft erlebten Stressspitzen führen zu hohen Kosten für Individuen, Organisationen und auf gesellschaftlicher Ebene.

Woran erkenne ich einen Spitzenmanager?

Manager profitieren von der Fähigkeit, sich selbst wahrzunehmen und die eigene Person realistisch einschätzen zu können. Das hat Daniel Goleman herausgefunden – jener US-Psychologe, der als Experte für *emotionale Intelligenz* gilt: »Bei der Untersuchung mehrerer hundert Manager aus zwölf verschiedenen Unternehmen erwies sich eine zutreffende Selbsteinschätzung als Merkmal der Spitzenkräfte. [...] Personen, die über diese Kompetenz verfügen, sind sich ihrer Fähigkeiten und Grenzen bewusst, bemühen sich um Feedback und lernen aus ihren Fehlern. Sie wissen, in welchen Bereichen sie besser werden müssen und wann sie mit anderen zusammenarbeiten müssen, deren Stärken die ihren ergänzen.«[35]

Um gesund zu bleiben und auch mit komplexen Herausforderungen gut und flexibel umgehen zu können, brauchen wir die Fähigkeit, präzise wahrzunehmen, wie es uns geht, und die Kompetenz, unser Verhalten zu steuern, auch wenn wir gerade starke Emotionen erleben wie zum Beispiel Wut, Kränkung oder Angst. Indem wir mit uns selbst immer mehr vertraut werden, lernen wir auch unsere Stärken und Schwächen klarer zu sehen und mit unserer eigenen inneren Wahrheit in Kontakt zu kommen. Wir kennen unsere Ressourcen, aber auch unsere Begrenzungen.

Marie weiß mehr ...

... über unseren angeborenen Pessimismus.

Ein Muster, das Sam besonders oft in die Quere kommt und ihm die gute Laune verdirbt, ist das, was man »Negativitäts-Bias« oder »negative Verzerrung« nennt. Wenn er abends im Bett liegt, dann ärgert er sich über den einen doofen Fehler, der ihm an diesem Tag passiert ist, anstatt sich für das zu loben, was er gut gemacht hat.

Unsere Tendenz geht generell dahin, sich eher auf Probleme und Schwierigkeiten auszurichten und nicht auf die Dinge, die gut laufen. Um das bekannteste Beispiel zu bemühen: Es fällt Sam wie vielen von uns schwer, das halb volle und nicht das halb leere Glas zu sehen.

Es handelt sich hierbei aber eben nicht um eine Charakterschwäche, die nur Miesmacher und Schwarzmaler betrifft, sondern um eine gut gemeinte Strategie unseres Gehirns. Sams steinzeitliche Urururururgroßeltern waren vermutlich nicht jene Mitglieder der Sippe, die zuversichtlich, wagemutig und gelassen pfeifend in jede dunkle Höhle spaziert sind, sondern jene Exemplare, die immer vorher gründlich geprüft haben, ob darin vielleicht ein wildes Tier wohnt. Es ist nicht unwahrscheinlich, dass jene Gruppen überlebt und sich fortgepflanzt haben, die stets misstrauisch und vorsichtig nach potenziellen Gefahren Ausschau hielten. Überspitzt formuliert: Die leicht Paranoiden konnten ihre Gene eher weitergeben als die Optimisten.

Darüber hinaus waren negative Erfahrungen für die Entwicklung des Menschen stets wichtiger als positive. Vereinfachend könnte man sagen: Wenn etwas gut läuft, muss sich das Gehirn nicht weiter darum kümmern und kann ein

Häkchen dahinter machen. Wichtiger für unser Überleben war hingegen, dass wir aus Fehlern lernten. Deshalb bleiben negative Erfahrungen auch eher in unserem Gedächtnis hängen, und unser Geist kaut sie immer wieder durch: Es gilt, die gemachte Erfahrung zu analysieren, daraus gewonnene Erkenntnisse zu verwerten und dazuzulernen. So musste Sam als Kleinkind die Herdplatte nicht öfter als einmal anfassen, um zu lernen, dass das zu keinem angenehmen Ergebnis führt.

Sams Steinzeit-Opa, Berufspessimist

Die Kehrseite der Medaille ist, dass Positives für das Gehirn weniger schwer wiegt als Negatives. Der bekannte amerikanische Neuropsychologe Rick Hanson hat es sehr eingängig so formuliert: »Für negative Erfahrungen gilt das Klett-Prinzip – sie bleiben in unserem Gehirn haften, während für positive Erfahrungen das Teflon-Prinzip gilt – sie perlen ab.«[36]

An dieser Stelle können wir uns aber daran erinnern, dass dank dem Prinzip der Neuroplastizität jeweils das in unserem Gehirn gestärkt wird, worauf wir unsere Aufmerksamkeit richten. Wir können also durchaus lernen, dem Guten mehr Raum in unserem Leben zu geben und die entsprechenden Netzwerke in unserem Gehirn bewusst zu fördern.

Sich besser kennen, sich besser fühlen

Durch Achtsamkeitsübungen schulen wir unsere Wahrnehmung, sodass wir immer feiner und klarer spüren, welche Empfindungen und Emotionen gerade in uns präsent sind. Da sich Gefühle immer im Körper ausdrücken, brauchen wir dazu unser sensorisches System. Wie Sie bereits gesehen haben, ist der positive Effekt dieses Nach-innen-Lauschens die Aktivierung des präfrontalen Kortex, der es uns dann ermöglicht, unser Gefühlsleben besser zu regulieren (s. Kapitel »Sich und andere besser verstehen: das Salzburger Achtsamkeitsmodell«). Studien unterstreichen, dass wir unsere Selbstregulation durch regelmäßiges Üben verbessern können.[37] Auch Sam macht bald die Erfahrung, dass er schneller bemerkt, wenn er wütend wird, und es ihm öfter gelingt, sich dann mit ein paar tiefen Atemzügen »runterzufahren«, bevor er etwas sagt, das wenig konstruktiv ist und ihm danach vielleicht leidtut.

Den inneren Kompass kalibrieren

Sam hat in der letzten Zeit auch begonnen, über seine Werte und Prioritäten zu reflektieren. Wenn er im Autopilot-Modus unterwegs war, hat er sich oft nicht die Frage gestellt, was ihm eigentlich wirklich wichtig ist, um auch dementsprechend zu handeln. Er war häufig getrieben vom »Müssen« und »Sollen«, hat Dinge auf eine bestimmte Art und Weise getan, weil »man« sie eben so macht.

Inzwischen hat er mehr Klarheit darüber, was in seinem Leben Priorität hat. Dementsprechend plant er heute mehr Zeit für eine gute Vorbereitung von Meetings und Projekten, aber auch für seine Familie fest in den Kalender ein. Und auch seine Regenerationsphasen bewertet er nicht mehr als »nice to have«, sondern er weiß, dass sie genauso wichtig für seinen langfristigen beruflichen Erfolg sind wie produktive Arbeitstage.

Marie weiß mehr ...

... darüber, was Resilienz wirklich bedeutet.

Resilienz ist ein Begriff, der in den letzten Jahren sehr an Popularität gewonnen hat. Gemeint ist damit die psychische Widerstandsfähigkeit einer Person, also ihre Fähigkeit, auch angesichts von Schwierigkeiten – wie einer hohen Stressbelastung, Krankheit oder Schicksalsschlägen – stabil und zuversichtlich zu bleiben. Wer möchte das nicht? Gerade in der heutigen Zeit ist das Interesse an diesem Phänomen kein Wunder.

Bestimmt ahnen Sie bereits, dass es ein weiterer Effekt von mehr Präsenz und Achtsamkeit ist, dass sich die psychische Widerstandsfähigkeit erhöht. Wir lernen den Dingen mit einer akzeptierenden, offenen Haltung und klarem Blick zu begegnen, unsere Handlungsspielräume flexibel zu nutzen und auch unter widrigen Umständen das große Ganze nicht aus den Augen zu verlieren. Gerade weil wir derzeit mit großer Unsicherheit im Äußeren konfrontiert werden, können wir durch die Praxis zu mehr innerer Sicherheit finden.

Wesentlich ist, dass wir Resilienz nicht mit Unverwundbarkeit verwechseln. Als Menschen sind und bleiben wir verletzlich. Zugleich gehört es zum Leben unvermeidlich dazu, Schwierigkeiten zu haben. Resilient zu sein bedeutet, die eigene Verletzlichkeit nicht abzuwehren oder abzuwerten, sondern sich ihrer bewusst zu sein und sich im Falle des Falles gut und fürsorglich um sich selbst zu kümmern.

Sam reagiert heute am Telefon anders, wenn ein Kunde Unzufriedenheit äußert und droht, den Auftrag zurückzunehmen. Als bewusste Führungskraft hört er genau zu, um entsprechend flexibel reagieren zu können. Er konzentriert sich auf den Augenblick, macht sich bewusst, dass er den Kunden sonst verliert. Er bleibt in Gedanken bei dessen Anliegen, statt sich in seinen eigenen Sorgen zu verlieren. Er versetzt sich in ihn hinein und kann dadurch intensiv und aufmerksam auf seine Probleme eingehen und glaubhaft vermitteln, dass er an einer gemeinsamen Lösung interessiert ist.

Immer wieder übt Sam in Momenten, in denen er gestresst ist oder unter Druck kommt, kurz innezuhalten und in sich hineinzuhorchen, welche Signale sein Körper und seine Sinne gerade senden. Manchmal stellt er sich sogar bildlich vor, dass er seinen präfrontalen Kortex wie einen Schalter aktiviert. Dies tut er, indem er die unterbrochenen »Leitungen« zwischen seinem Kopf (kognitives System) und seinem Bauch (somatisches System) »durchputzt«.

Wir haben ja schon gelernt, dass das am besten geht, wenn wir unsere Aufmerksamkeit auf unsere Körper- und Sinneswahrnehmungen, beispielsweise unsere Füße oder das Ein- und Ausströmen unseres Atems, ausrichten. Das können wir uns vorstellen wie eine Taschenlampe, die innerlich auf bestimmte Bereiche scheint (zum Beispiel auf den Brustbereich oder die Füße, wie in der Illustration zu sehen ist). Die Verbindung wird erneuert und ein lebendiger, integrativer Austausch zwischen allen Ebenen möglich. Der Stress-Autopilot hat keine Chance mehr: Sam sitzt wieder am Steuer und kann über all seine inneren Ressourcen verfügen.

Vitalität und Resilienz: Key-Practice Body-Scan

Diese Technik ist uralt und sehr verbreitet. Sie ist so beliebt, weil sie einfach anzuwenden ist und in vielen Einsatzbereichen vermittelt wird – im Training von Spitzensportlern, bei der Behandlung von Schmerzpatienten und im therapeutischen Setting, immer mehr auch im Schulunterricht. Dazu kommt, dass ihre Effekte außerordentlich gut erforscht und belegt sind. Vielleicht kennen Sie sie auch unter dem Namen »Körperreise« oder einer anderen Bezeichnung.

> **❨*Key-Practice:* Body-Scan**
>
> Den Body-Scan können Sie im Sitzen oder Liegen durchführen. Sie sollten dafür einen Ort wählen, an dem Sie eine Weile ungestört sind. ❩
> Finden Sie eine möglichst bequeme Haltung. Wenn es angenehm ist, schließen Sie dabei die Augen. Sonst senken Sie den Blick oder richten ihn an die Decke.

Dann lenken Sie die Aufmerksamkeit auf die Empfindungen Ihres Körpers. Öffnen Sie sich für das, was jetzt da ist – ohne irgendetwas Bestimmtes zu erwarten (zum Beispiel Entspannung). Nehmen Sie einfach wahr, was Sie jetzt in den verschiedenen Bereichen Ihres Körpers spüren können. Vielleicht sind da Temperaturempfindungen, sie spüren den Kontakt zum Boden oder der Kleidung, ein Kribbeln oder auch Taubheit. Selbst die Abwesenheit von Empfindungen können wir wahrnehmen. Es gibt kein »gut« oder »schlecht« – alles darf so sein, wie es ist.

Beginnen Sie bei den Füßen, und dann wandern Sie allmählich nach oben zu Ihren Unterschenkeln, Knien, Oberschenkeln, den Hüften, dem Rücken und dem Bauch, über die Schultern zu den Armen und Händen und schließlich zu Ihrem Kopf. Verweilen Sie jeweils für einen Moment an einem Ort. Woher wissen Sie zum Beispiel, dass Sie Hände haben, ohne hinzusehen? Wie fühlen sich Ihre Schultern jetzt gerade an?

Versuchen Sie alles so sein zu lassen, wie es ist. Wenn unangenehme Empfindungen auftauchen, versuchen Sie auch damit einen Moment lang zu sein, ohne sofort in Widerstand zu gehen oder ein Urteil zu fällen. Wenn es zu schwierig wird, geben Sie sich die Erlaubnis, zu einem anderen Körperteil weiterzuwandern.

Wenn Sie den Body-Scan abgeschlossen haben, dann bringen Sie langsam und sanft wieder Bewegung in Ihren Körper, indem Sie mit den Zehen und Fingern wackeln oder sich genüsslich rekeln. Wenn Sie so weit sind, kehren Sie zurück in die Außenwelt und Ihren Alltag.

Micro-Practice: Rettungsanker bei Stress*

Stützen Sie Ihre Arme auf und legen Sie den Zeige- und Mittelfinger sanft auf die geschlossenen Augenlider. Diesen Druck einige Minuten lang halten. Schließlich mit Daumen und Zeigefinger der rechten Hand die Nasenwurzel zart massieren.

Key Messages

» Dauerbelastung und Dissoziation belasten unseren Körper doppelt: Die Stressreaktion ist schon anstrengend genug. Hinzu kommt durch die Dissoziation unser Unvermögen, adäquat auf seine Signale und Symptome einzugehen. Interessanterweise zeichnen Spitzenmanager sich unter anderem auch durch eine überdurchschnittliche Selbstkenntnis aus.

» Wenn wir uns selbst – sowohl auf der kognitiven als auch auf der somatischen Ebene – besser kennen, regulieren wir unser System rascher und angemessener.

» Wir sorgen besser und vorausschauender für uns und ersparen uns dadurch oft unnötige Komplikationen.

» Bei schwierigen Erfahrungen und Rückschlägen können wir uns fürsorglich und umsichtig um uns und andere kümmern, statt uns und anderen im »Kopfkino« Vorwürfe zu machen und zu jammern.

---

* Rettungsanker bei Stress wurde von Prof. Dr. Schnack entwickelt. Diese Übung wirkt direkt auf den großen Ruhenerv (Vagusnerv), der über den Augenmuskel aktiviert werden kann.

> » Statt uns von unseren Emotionen und unserem Körper-
> gefühl nach dem Motto »Ein Indianer kennt keinen
> Schmerz« abzuschneiden, können wir so handeln, dass
> wir rasch wieder zu Kräften kommen.

Reflexionsfragen

- Wie gesund und vital fühlen Sie sich in Ihrer aktuellen Lebensphase?
- Was wäre zurzeit Ihr dringlichstes somatisches Bedürf-nis? Wie sorgen Sie dafür?
- Was war der letzte größere berufliche Rückschlag, den Sie erfahren haben? Wie sind Sie damit umgegangen?
- Was nehmen Sie sich aus diesem Kapitel für den nächs-ten Rückschlag mit?

Sozialkompetenz und Mitgefühl

In diesem Abschnitt klärt sich für Sam der Unterschied zwischen Mitgefühl und Mitleid. Er lernt, warum Mitgefühl ziemlich tough ist und auch wirtschaftlich Sinn macht.

Zwischen Bulldozer und Weichei

Ein klassisches Dilemma in der Führung lautet: Wie kann ich klar und konsequent sein und gleichzeitig eine gute Beziehung zu meinen Mitarbeitern haben?

Es ist eigentlich ein alter Hut, dass es beides bräuchte, aber in der Praxis bleibt es schwierig. Die meisten Führungskräfte – und Menschen generell – sind teilbegabt:

Die einen sind gut darin, auf sich und ihre Bedürfnisse zu achten und ihre Perspektive kräftig zu vertreten. Sie haben wenig Scheu, Differenzen auf den Tisch zu bringen und in Konfrontation zu gehen, wenn es aus ihrer Sicht nötig ist.

Die anderen sind gut darin, Verbindung mit anderen Menschen aufzunehmen und Beziehungen sorgsam zu pflegen und im Fluss zu halten. Sie haben ein Sensorium dafür, was ihr Gegenüber bewegt, und weniger Probleme damit, einmal über ihren Schatten zu springen.

Beides im positiven Sinn miteinander zu verbinden ist anspruchsvoll. Häufig kippen wir eher in eine Karikatur unserer selbst, als die »gegenüberliegende« Qualität zu integrieren. Wenn es eng wird, werden die einen oft zur unbarmherzigen Axt im Walde und die anderen zum windelweichen Fähnchen im Wind.

Zuckerbrot und Peitsche

Sam ist ja eher von der Axt-Fraktion. Konkurrenz im Team war für ihn lange Zeit ein gutes Mittel zum Leistungsansporn, die Ergebnisse schienen ihm recht zu geben. Sein Lob für die

High-Performer vor versammelter Runde oder ein freundschaftliches Schulterklopfen waren eine Auszeichnung, die Sam gerne und gar nicht so selten vergab.

Kündigungsgespräche muss Sam zum Glück nur selten führen. Meistens exekutierte Sam sauber, was ohnehin unvermeidbar war, und der ehemalige Mitarbeiter war rasch vergessen. Einmal warf ihm eine Mitarbeiterin zum Abschied vor, dass er sich überhaupt nicht für sie und ihre Arbeit interessiert hätte. Er setzte dem entgegen, dass sie einfach viel zu wenig Leistung gebracht und damit die Arbeit des ganzen Teams konterkariert habe. Aufgebracht gingen beide getrennte Wege.

Ein lauwarmer Kompromiss als Zwischenlösung?

So gut wie alle Führungskräfte machen irgendwann die Erfahrung, dass sie mit ihrem bisherigen Repertoire an Grenzen stoßen. Die »Äxte im Wald« bekommen eines Tages ein unmissverständliches Signal, dass sie es jetzt übertrieben haben, und die »Fähnlein im Wind«, dass sie klarer und forscher werden müssen. Das Ergebnis ist nicht selten ein Fahren mit angezogener Handbremse: Bulldozer mit einer freundlich-rosaroten Lackierung auf der einen Seite und auf der anderen sonst sehr freundliche Menschen, die in eine befremdliche Vehemenz kippen, wenn sie ankündigen, auch »anders« zu können.
Führungskräfte, die »nicht Fisch und nicht Fleisch sind«, sind für viele Mitarbeiter noch schwieriger, weil man sie als unberechenbar erlebt.
Die besten Führungskräfte suchen keine Zwischenlösung, sondern sind beides zu hundert Prozent. Hundert Prozent konfrontationsbereit auf der Sachebene und gleichzeitig hundert Prozent wertschätzend auf der Beziehungsebene.

Den meisten von uns fällt diese Unterscheidung zwischen Sach- und Beziehungsebene nicht leicht: Manchmal haben wir Sorge, dass eine Klärung zu Irritationen und Verletzungen auf der Beziehungsebene führen könnte, und gehen ihr deshalb aus dem Weg. Ein andermal wissen wir, dass etwas Unangenehmes ansteht (zum Beispiel sogar ein Kündigungsgespräch), und ziehen uns vorsorglich von der Beziehungsebene zurück. Wir sind reserviert und gehen auf Distanz, gerade dann, wenn Beziehung und Mitgefühl am wichtigsten wären.

Kündigung auf Augenhöhe

Konsequenz und Durchsetzungsfähigkeit sind dem »neuen« Sam immer noch wichtig. Vielleicht ist die wichtigste Veränderung in seiner Führung, dass er seinen Mitarbeitern heute auf Augenhöhe begegnet.

Im Extremfall eines Kündigungsgesprächs bedeutet das, dass er sich auch aufrichtig Gedanken gemacht hat, was er im Rückblick von *seiner* Seite aus anders hätte machen können, und einen Teil der Verantwortung auf sich nimmt: »Mir ist es nicht gelungen, die Rahmenbedingungen zu schaffen, damit Sie sich hier richtig entfalten können.«

Dem Mitarbeiter einen würdevollen Austritt zu ermöglichen ist ihm heute ein ehrliches Anliegen.

Sam ist in der Sache konsequent, die Kündigung wird ausgesprochen, doch treibt er sein Gegenüber nicht in die Enge. Es wird ein Austausch und Lernen auf beiden Seiten möglich. Sam achtet während des Gesprächs auf die Impulse und Empfindungen in seinem Körper.

Sam nimmt in sich das Bedauern wahr, dass es so gekommen ist. Er spürt Betroffenheit und Mitgefühl mit der Situation, vor der sein Mitarbeiter nun steht. Sein präfrontaler Kortex reguliert seine Amygdala, statt sie zu knebeln.

Sam kann jetzt nachfühlen, wie es dem Mitarbeiter geht. Er hat in seinem Leben Ähnliches durchgemacht, hat mit dem Rücken an der Wand gestanden und keine Ahnung gehabt, wie es weitergeht. Diese gemeinsame menschliche Erfahrung verbindet ihn mit dem Menschen, der ihm gegenübersitzt. Er lässt sich von diesem Mitfühlen nicht runterziehen. Aber er lässt es zu und nimmt es wahr.

Er wünscht seinem Mitarbeiter alles Gute, und das kommt nun von Herzen.

Das somatische System seines Gegenübers nimmt Sams Stimme, Mimik, Gestik und Körperhaltung sehr fein wahr. Selbst wenn es keinem der beiden bewusst ist – etwas in ihrem System spürt ganz genau, was authentisch und echt ist und was *fake*.

Jetzt ist Sam präsent und echt. Und das entscheidet, wie wir wissen, weit mehr über den Erfolg unserer beruflichen Kommunikation als das, was wir inhaltlich sagen.

Mit einem Handschlag und einem Blick in die Augen trennen sich die Wege von Sam und seiner Mitarbeiterin. Die Wahrscheinlichkeit ist hoch, dass dieses Gespräch beiden hilft, gestärkt weiterzugehen.

Empathie braucht Klarheit

Achtsamkeit hilft uns zu mehr Klarheit, weil sie uns mit unseren eigenen Bedürfnissen und Prioritäten in Kontakt bringt. Die Psychologin Brené Brown von der Universität Houston, deren Bücher und TED-Talks Millionen Menschen erreichen, schreibt dazu: »Eine der größten (und am wenigsten diskutierten) Barrieren für Mitgefühl ist die Angst davor, Grenzen zu setzen und Menschen zur Verantwortung zu ziehen.«[38]

Sie berichtet aus ihrem eigenen Leben, dass sie früher »süßer« war: »wertend, vorwurfsvoll und ärgerlich im Inneren – aber süßer nach außen«[39]. Klar für uns zu sorgen und Grenzen aufzeigen zu können ist eine Grundvoraussetzung für Empathie.

Was Mitgefühl ist

Mitgefühl heißt im Wesentlichen: Ich bekomme mit, wie es dem anderen geht. Ich lasse die Resonanz und Verbundenheit zu, die das in meinem eigenen somatischen System erzeugt. Ich schiebe seine und meine eigenen Empfindungen nicht beiseite, weil ich Angst vor ihnen habe oder mich damit unwohl fühle.

Mitgefühl geht nur auf Augenhöhe. Nur wenn wir unsere eigenen Nöte, Ängste und Sehnsüchte wahrnehmen, können wir dafür auch bei unserem Gegenüber offen sein. Wir erleben dann, dass wir beide Menschen sind, in all unserer Vorläufigkeit. Das verbindet.

Mitgefühl geht nur auf Augenhöhe.

Mitgefühl haben heißt nicht, …

1. … den anderen zu bemitleiden. Mitleid ist eine Beziehung zwischen einem Tröstenden und einem Verwundeten. Das schafft ein Ungleichgewicht, macht den Getrösteten (meist unabsichtlich und ungewollt) kleiner und schwächer, als er ist. Das ist auf Dauer für beide Seiten anstrengend und trennt.

2. … dem anderen seine unangenehmen Gefühle nehmen zu wollen. Wir sind oft geneigt, das zu tun, indem wir die Situation schönfärben (»Halb so schlimm!«), zum positiven Denken auffordern (»Sieh doch das Gute dran!«), Schuldige suchen (»Die Unternehmensleitung hat das nun mal so vorgegeben«) oder relativieren (»Das ist noch gar nichts – da ist mir schon mal was viel Schlimmeres passiert …«).

3. … dass wir gut gemeinte Ratschläge geben. Manche Menschen neigen dazu, gute Tipps zu geben (»Tu doch …, versuch doch …«), ihr Gegenüber zu psychologisieren (»Das hat natürlich jetzt auch was mit dir zu tun«) oder allgemeine

Regeln und Weisheiten aus der Situation abzuleiten (»Da zeigt sich wieder einmal, dass …«). Kann man machen oder nicht, ist aber etwas anderes als Mitgefühl.

4. (… dass wir uns von den schwierigen Gefühlen des anderen forttragen lassen und mitweinen. Wir nehmen sie nur wahr. Dazu hilft es, dass wir gelernt haben, mit unserem Fokus stabil in unserer eigenen Mitte zu bleiben.)

5. … den anderen aus seiner Verantwortung zu entlassen. Sam hat neulich einen Mitarbeiter mit einer anspruchsvollen Aufgabe betraut. Der kam nach einer Weile zurück und wollte sie wieder abgeben, weil er sich überfordert fühlte. Sam hatte Verständnis und Mitgefühl dafür, und die beiden überlegten, was er noch an Unterstützung brauchte. Sam befreite den Mitarbeiter aber nicht von der Aufgabe.

6. … zuzustimmen. Sam hat einen Mitarbeiter, der vom Streit mit einem anderen sehr gekränkt zu ihm gekommen ist. Sam konnte sich gut in seine Lage versetzen, hat seinem Wunsch nach Vergeltung aber in keiner Weise zugestimmt. Für den Mitarbeiter war das Gespräch dennoch (oder gerade deshalb) wichtig, und er fand selbst einen konstruktiveren Umgang mit der Situation.

Mitgefühl in der Wirtschaft

Wichtige Vordenker wie Peter Senge oder Jane Dutton betonen schon seit Langem die Bedeutung von Mitgefühl in Führung und Zusammenarbeit. Tania Singer zeigt in ihrem Buch *Caring Economics*[40] eindrucksvoll auf, warum Mitgefühl oder »Compassion« auch aus neurowissenschaftlicher Perspektive eine der wichtigsten Führungsqualitäten im 21. Jahrhundert sein wird.

Dass Mitgefühl auch in der Wirtschaft einen Platz hat, ist mittlerweile in vielen Unternehmen angekommen, vielleicht auch deshalb, weil mehrfach gezeigt wurde, dass sich Mitgefühl direkt auf den Gewinn von Unternehmen auswirkt. Die Arbeit von Marcus Buckingham etwa belegt, wie wichtig die Motivation der Mitarbeiter ist, die in direktem Zusammenhang mit gelebtem Mitgefühl im Unternehmen steht, auch für den geschäftlichen Erfolg ist. In Unternehmen, in denen Mitgefühl gefördert wird, sind weniger Burn-out-Fälle zu beobachten, die Zusammenarbeit läuft besser und die Arbeitszufriedenheit steigt an (Newman 2015)[41]. Für Mitarbeiter hat das Mitgefühl in der Arbeit weitere erfreuliche Folgen: Sie sehen das Unternehmen positiver, erleben mehr Freude an der Arbeit und zeigen mehr Einsatz (Suttie 2006)[42]. Shimul Melwani[43] von der Universität in North Carolina fand heraus, dass mitfühlende Führungskräfte als bessere und stärkere Leader wahrgenommen werden. Aus diesem Grund fließt auch in immer mehr Unternehmen die Dimension »Mitgefühl« in die Management-Bewertung mit ein (zum Beispiel bei LinkedIn).

Einfühlungsvermögen: »Genau wie ich«

Eine klassische Form der Übung ist die sogenannte *Metta-Meditation*. Sie stammt aus der buddhistischen Tradition, kann aber von jedem geübt werden. Eine moderne Variation davon ist die »Genau-wie-ich-Meditation«, die wir von Chade-Meng Tan übernommen haben. Im Alltag brauchen Sie nicht mehr als drei Atemzüge, um sich mit anderen mitfühlend zu verbinden (siehe Micro-Practice).

Key-Practice: Genau-wie-ich-Meditation*

Wählen Sie eine Sitzhaltung, in der Sie bequem und aufrecht sitzen können. Wie immer können Sie mit geschlossenen oder leicht geöffneten Augen praktizieren.

Richten Sie Ihre Aufmerksamkeit zunächst für ein bis zwei Minuten auf Ihre Atmung.

Dann denken Sie an einen Menschen, der Ihnen am Herzen liegt. Versuchen Sie ein Bild dieser Person vor Ihrem inneren Auge entstehen zu lassen.

Wiederholen oder lesen Sie die folgenden Sätze im Stillen. Geben Sie sich nach jedem Satz etwas Zeit, damit er in Ihnen nachklingen kann:

Dieser Mensch besteht aus Körper, Seele und Geist, genau wie ich.

Dieser Mensch hat Empfindungen, Gefühle und Gedanken, genau wie ich.

Dieser Mensch war irgendwann in seinem Leben traurig, enttäuscht, wütend, verletzt oder verwirrt, genau wie ich.

Dieser Mensch erlebt körperlichen und emotionalen Schmerz und Leid, genau wie ich.

Dieser Mensch möchte frei sein von Schmerz und Leiden, genau wie ich.

Dieser Mensch möchte gesund sein, geliebt werden und erfüllende Beziehungen haben, genau wie ich.

Dieser Mensch will glücklich sein, genau wie ich.

Zum Abschluss richten Sie Ihren Geist wieder für ein bis zwei Minuten auf Ihre Atmung, bevor Sie diese Übung beenden.

---

* Diese Übung stammt aus dem Programm *Search Inside Yourself* von Chade-Meng Tan.

Micro-Practice: Drei Atemzüge Mitgefühl

Während des ersten Atemzugs richten Sie Ihre Aufmerksamkeit auf Ihre Atmung. Atmen Sie bewusst ein und aus. Während des zweiten Atemzugs lassen Sie ein Lächeln auf Ihren Lippen entstehen. Es erinnert Sie an eine freundliche, warmherzige innere Haltung. Mit dem dritten Atemzug senden Sie gute Wünsche an einen Menschen oder sich selbst (zum Beispiel »Mögest du glücklich sein«, »Mögest du gesund und frei von Leiden sein«).

Key Messages

» Erfolgreiche Führungsarbeit braucht beides: Klarheit in der Sache, Wärme in der Beziehung.

» Im Idealfall heißt das hundert Prozent Klarheit und hundert Prozent Wärme. Die Suche nach einem lauwarmen »Zwischenweg« führt häufig und verlässlich in die Irre, weil sie Sach- und Beziehungsebene vermischt.

» Wenn wir eine tragfähige Beziehungsebene haben, müssen wir sie nutzen, um zu Klarheit auf der Sachebene zu kommen.

» Ohne tragfähige Beziehungsebene hat auch die Klarheit auf der Sachebene geringen Wert für die Zusammenarbeit.

» Mitgefühl heißt: mitbekommen, wie es dem anderen geht. Die Resonanz und Verbundenheit zulassen, die das im eigenen somatischen System erzeugt.

» Mitgefühl ist eine der wichtigsten Führungsqualitäten im 21. Jahrhundert.

» Mitgefühl wird oft mit Weichheit, Mitleid, gemeinsam

Jammern oder anderem verwechselt. Es ist deshalb wichtig, eine klare Vorstellung davon zu entwickeln, was Mitgefühl ist und was nicht.

Reflexionsfragen

- Zu welchem Extrem neigen Sie eher – zur »Axt im Walde« oder zur »Fahne im Wind«?
- Wie wirkt sich das aus?
- Wann haben Sie zuletzt Klarheit in der Sache und Wärme in der Beziehung gleichzeitig gut hinbekommen? Wie ist Ihnen das gelungen? Wie hat es sich ausgewirkt?
- Womit verwechseln Sie Mitgefühl im Alltag am ehesten (siehe Liste »Mitgefühl haben heißt nicht, …«)?
- Was könnten Sie in Bezug darauf in Zukunft einmal anderes ausprobieren?

hin weiter

Tipps & Tricks für den individuellen Kompetenzaufbau

Bescheid wissen allein reicht nicht

Wir haben im Kapitel »Achtsamkeit im Alltag in vier Schritten« mit den vier Schritten MIND gewissermaßen hineingezoomt in den »Raum zwischen Reiz und Reaktion«.

1. **M** oment!
2. **I** nnenschau (Signale aus dem Somatischen?)
3. **N** eue und kreative Optionen
4. **D** ialogische Entscheidung (im inneren Team)

  F ormale Praxis
+ **U** ebung im Alltag (= informelle Praxis)
+ **L** eben!

Für Sam war das wie gesagt hilfreich und plausibel. Umso schneller ist die Frage aufgetaucht: Schaffe ich das auch in der Praxis? Die Antwort ist ganz eindeutig: Nein. Nicht ohne Üben. Die Kombination aus unseren automatischen, evolutionär verankerten Verhaltensmustern und unserer neuen digitalisierten Arbeitswelt ist zu mächtig, als dass wir uns gleich neu erfinden könnten, nur weil wir diese Zusammenhänge jetzt kognitiv verstanden haben.

Das Entscheidende am Thema Achtsamkeit ist daher die praktische Umsetzung. Sam

- hat nach einigen Anläufen erfolgreich eine »formale Praxis« etabliert,
- übt jeden Tag viele Male »informell« im Alltag
- und hat im Lauf der Zeit sein ganzes Leben neu ausgerichtet.

Alles, was Sie zum Einstieg in diese drei Aspekte wissen müssen, erfahren Sie jetzt.

Formale Praxis

Da sich »formale Praxis« in Ihren Ohren möglicherweise etwas steif anhört, wird es Sie vielleicht umso mehr wundern, wie spannend die vorgestellten »Trainingseinheiten« sind. Sie lernen, wie Sie sich selbst austricksen und neue Gewohnheiten kultivieren können.

Ohne eine formale Praxis geht es nicht. Klar wäre es schön, wenn es reichen würde, regelmäßig die Sport-Live-Übertragungen im TV zu sehen, um fitter und gesünder zu werden. Aber Sie wissen so gut wie wir, dass das so leider nicht funktioniert. Hier erfahren Sie, wie Sie die Couch verlassen und aktiv werden. Und wie Sie in ruhigem Gewässer Schwimmen lernen, damit Sie bei Wellengang nicht untergehen.

Die formale Praxis besteht darin, dass Sie sich klar definierte und zeitlich festgelegte Übungseinheiten vornehmen. Vielleicht spielen Sie ein Musikinstrument oder kennen das aus dem Sport: Beim Lernen eines Instruments haben Sie anfangs Tonleitern geübt und ganz kleine Stücke gespielt. Später haben Sie peu à peu Ihr Repertoire erweitert und konsolidiert. Irgendwann haben Sie sich größere Werke angeeignet und dann sicher auch anderen Menschen vorgetragen. Auch bei der »Melodie der Achtsamkeit« geht es im Endeffekt darum, sie im Alltag zu singen.

Im Sport haben Sie regelmäßige Trainingseinheiten absolviert und je nach Sportart auf die richtige Mischung aus Technik, Grundlagenausdauer, Schnelligkeit etc. geachtet. Das Training kann herrlich sein und Spaß machen oder immer wieder einmal auch mühsam und eine Schinderei sein: Beweisen wird sich der Trainingserfolg letztlich im Wettkampf bzw. im Match. So wird sich auch die Achtsamkeitspraxis im Leben bewähren müssen.

Wenn Sie also dieses Kapitel lesen und Ihren individuellen Trainingsplan zusammenstellen, tun Sie dies durchaus auch mit dem Blick auf Ihr »wirkliches Leben«, in dem Sie etwas verändern wollen: Ihr Selbstmanagement, Ihre Führungsarbeit, Ihr Privatleben.

Die Wahl der Technik

Im vorigen Kapitel ging es darum, dass verschiedene Techniken verschiedene Effekte haben. Welche Fähigkeiten Sie in sich kultivieren wollen, wird also Einfluss darauf haben, für welche Praxis Sie sich entscheiden.

Gleichzeitig ist es wichtig, dass Sie eine Praxis finden, die Ihnen Freude bereitet und nicht schwerfällt. Chade-Meng Tan, der mit *Search Inside Yourself* Achtsamkeit bei Google eingeführt hat, formuliert es so treffend: »Die beste Praxis ist die, die Sie dann auch wirklich machen.« Ein ausgefuchster Trainingsplan, der dann ungenutzt in einer App gespeichert ist, bleibt vollkommen unnütz. Ein Mini-Achtsamkeitsbausteinchen, dem Sie wirklich jeden Tag zwei Minuten lang treu bleiben, kann Ihr Leben verändern.

Wir empfehlen Ihnen eine gute Mischung aus beidem: etwas, das Ihnen das Dranbleiben so leicht und angenehm wie möglich macht, und etwas, das Sie immer wieder ein wenig weiter aus Ihrer Komfortzone in die Erweiterungszone führt.

Starten Sie im Zweifelsfall mit Fokussierung

Sie erinnern sich an das vorige Kapitel: Durch die permanente Reizüberflutung haben die allermeisten von uns Defizite darin, Ihre Aufmerksamkeit über einen längeren Zeitraum konstant zu halten. Genau das ist aber eine Grundvoraussetzung für achtsame Führung und Selbstführung.

In dem Augenblick, in dem Sie die Aufmerksamkeit auf bisher verdrängte Signale und Symptome richten, wird es unangenehm.

Das ruft unweigerlich eine Unzahl von Ablenkungsversuchen des Systems auf den Plan:

Ihr kognitives System produziert tausend gute Gründe, warum Sie die Praxis jetzt besser beenden sollten (ein dringendes To-do; der Schlaf, den Sie morgen brauchen werden; der Gedanke, dass die formale Praxis wohl nicht die richtige für Sie ist, weil es so langweilig oder so anstrengend ist und Sie mit Ihren Gedanken so viel abschweifen …).

Ihr somatisches System produziert tausend Symptome (Sie müssen auf die Toilette; Sie werden schläfrig; es beginnt, Sie überall zu jucken …).

Das Gleiche gilt, wenn Sie die Aufmerksamkeit im äußeren Team, also zum Beispiel mit Ihren Mitarbeitern, auf bisher verdrängte Signale und Symptome richten: Es werden Witzchen gemacht; dringliche Themen und Termine schieben sich plötzlich dazwischen; die Frage taucht auf, ob man das jetzt wirklich thematisieren soll, etc.

Ihre Fähigkeit zur Fokussierung wird dann entscheidend dafür sein, ob Sie Ihre Aufmerksamkeit von diesen Ablenkungsmanövern forttragen lassen oder freundlich, wohlwollend, aber bestimmt beim Thema bleiben können.

⟮ *Empfehlungen zur Fokus-Schulung*

Formale Techniken (Übungsanleitungen im Anhang), die Sie dafür nutzen können, sind insbesondere:

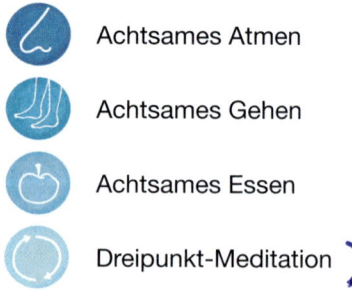

Achtsames Atmen

Achtsames Gehen

Achtsames Essen

Dreipunkt-Meditation ⟯

Auch der »Mindfulness-Based Stress Reduction«-Kurs, der mittlerweile in den meisten Städten angeboten wird, unterstützt Sie dabei, Ihre Aufmerksamkeit immer mehr zu stabilisieren. MBSR wurde von Jon Kabat-Zinn begründet und intensiv beforscht. Dieser Kurs wird in Deutschland zum Teil von der Krankenkasse bezahlt. Er geht über acht Wochen, mit einem Abendtermin pro Woche und individueller Praxis dazwischen.

Mitgefühl

Nehmen Sie Mitgefühl dazu, sobald sich Ihre Praxis ein wenig konsolidiert hat.

Freundlich, wohlwollend, aber bestimmt beim Thema bleiben können: »Freundlich und wohlwollend« ist dabei genauso wichtig wie »beim Thema bleiben können«.
Mit der Erziehung unseres Geistes ist es wie mit der Erziehung eines kleinen Hundes oder auch eines Kindes: Kurzfristig mag gnadenloser Drill für Zucht und Ordnung sorgen. Gleichzeitig fügen wir dem jungen Geschöpf erheblichen Schaden zu, und das Zusammensein wird zunehmend unangenehm. Sobald wir die Kontrolle einen Moment aufgeben (und es wird uns nichts anderes übrigbleiben), können sich die ganze unterdrückte Wut und der Widerstand als »unguided missile« entladen.
Im Umgang mit uns selbst haben wir ja schon einiges gehört über den Unterschied zwischen ängstlich-kontrollierender Selbstdisziplinierung und klarer, kraft- und liebevoller Selbstführung.

Letztendlich geht es darum, uns selbst bester
Freund zu werden, mit allem, was uns ausmacht.

Abschweifen ist ein notwendiger Bestandteil der Übung

Sam hat sich dieses Sportgerät als Metapher aus dem Achtsamkeitstraining mitgenommen:

Der Trainer hatte gefragt, wie dies zu bedienen sei. Die naheliegende Antwort der Teilnehmer: Durch rhythmisches Zusammendrücken und Loslassen dieser Fingerhantel. Es geht nicht darum, mit aller Kraft so lange zu halten, bis unsere Muskulatur völlig verkrampft ist. Genauso ist es mit dem Achtsamkeitsmuskel: Wir fokussieren uns. Wir halten den Fokus. Wir merken, dass unsere Aufmerksamkeit abgeschweift ist. Wir bringen

In die Mitte bringen, loslassen und wieder in die Mitte bringen. Erst das Zusammenspiel trainiert unseren Achtsamkeitsmuskel.

den Fokus wieder zum Anker zurück. Dies immer und immer wieder zu tun ist Teil der Übung und bringt uns den größten Trainingseffekt.

Aufwärtsspirale der Achtsamkeit

Jedes Mal, wenn wir uns zur Praxis motivieren, schaffen wir uns eine Möglichkeit, willkommen zu heißen, was ist. Ja, das kann auch ungemütlich sein, zum Beispiel Signale aus dem Somatischen wie Rückenschmerzen o. Ä. Indem ich sie wahrnehme, können sie besser in meinem ganzen inneren System aufgenommen werden. Wenn ich diese Symptome, Gefühle und Wahrnehmungen integriere, dann entsteht Zufriedenheit, oder wie wir es nennen: »(stille) Freude«, die wiederum meine Motivation zur Praxis erhöht.

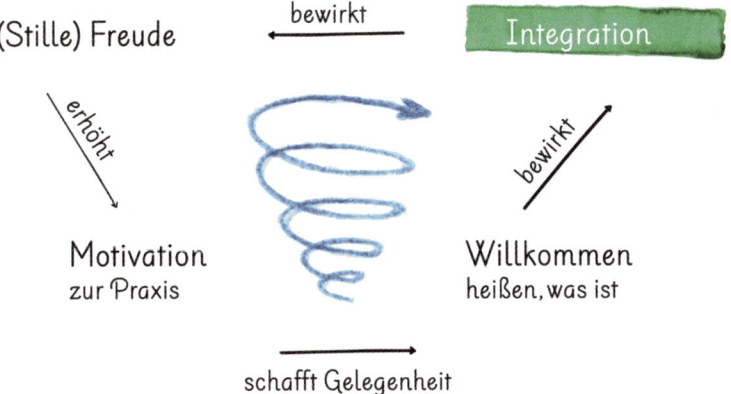

Von der Praxis zur Integration

(Empfehlungen zur Mitgefühlsschulung

Die folgenden Techniken (Übungsanleitungen im Anhang) können Sie dabei unterstützen:

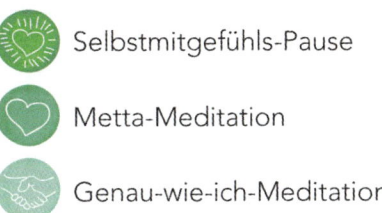

Selbstmitgefühls-Pause

Metta-Meditation

Genau-wie-ich-Meditation)

Auch hier finden Sie die Beschreibungen im vorigen Kapitel und im Anhang. Das von Chris Germer und Kristin Neff entwickelte Programm »Mindful Self-Compassion« (MSC) können wir in diesem Zusammenhang wärmstens empfehlen. Das »MSC Core Skills Training« geht wie der MBSR-Kurs über acht Wochen mit je einer Abendeinheit und dazwischen eigenständigem Üben. Daneben gibt es aber auch eine Reihe kürzerer Angebote, die einen ersten Zugang zu diesem Ansatz ermöglichen.

Der »leere« Geist – das Achtsamkeitsmissverständnis Nummer eins

Ein verbreitetes Missverständnis lautet, dass ein »leerer Geist« das Ziel von Achtsamkeit sei. Das ist falsch. Noch schlimmer: Es ist für viele Menschen ein wesentlicher Grund für Frustration und dafür, dass sie ihre Praxis beenden, bevor sie richtig begonnen hat. »Bei mir klappt das einfach nicht«, hören wir oft. Viel zu oft. Die gute Nachricht: Sie dürfen sich entspannen. »Es klappt« bei niemandem.

Es ist völlig normal, dass der Geist während der Praxis wandert. Wenn Sie bemerken, dass dies so ist oder dass Sie schläfrig werden, bringen Sie Ihre Aufmerksamkeit sanft zu Ihrem Anker zurück, sei es zum Atem oder zur entsprechenden Körperregion. Das ist alles. Wenn Sie dabei Ärger und Frustration bemerken, dann bemerken Sie diese Reaktionen mit Neugier und Wohlwollen, lassen sie los und – völlig richtig – bringen Sie Ihre Aufmerksamkeit sanft zum Anker zurück.

Wenn Sie mögen, können Sie sich jedes Mal beglückwünschen, wenn Sie Ihre Aufmerksamkeit zum Anker zurückgebracht haben: Es ist genau diese innere Bewegung des Re-Fokussierens, die unseren »Achtsamkeitsmuskel« am meisten stärkt.

Machen Sie sich den Einstieg leicht!

Häufig scheitern Einsteiger an ihren Ansprüchen. Es ist hilfreicher, wenn Sie täglich zehn Minuten praktizieren als einmal pro Woche 45 Minuten. Es ist hilfreicher, wenn Sie täglich fünf Minuten wirklich praktizieren, als sich zehn Minuten vorzunehmen und dann nicht durchzuhalten. Und es ist hilfreicher, sich eine Praxis auszusuchen, die einem leichtfällt und Freude macht, als eine, die man besonders sperrig findet.

Ihre Fähigkeit, mit Herausforderungen umzugehen, wird sich im Lauf der Zeit steigern. Wenn Sie dranbleiben, werden Sie ohnehin ausdauernder.

Für Ihre inneren Antreiber, eingefahrene Muster und Schwächen ist Ihre Praxis ein gewaltiges Ärgernis. Sie riskieren nämlich, dass Sie sich verändern müssen, und das tut niemand gern. Ihr kognitives System wird Ihnen daher mit absoluter Sicherheit ein paar Stolpersteine legen. In diesem Sinne ein paar Empfehlungen von der Fraktion in Ihnen, die alles beim gewohnten Bisherigen belassen will:

1. »Überfordern Sie sich nur mit überhöhten Ansprüchen!« Wenn Sie es zu rasant angehen und das Scheitern schon vorprogrammiert ist, können die veränderungsresistenten Teile in Ihnen bald triumphieren. Sie haben Ihnen bewiesen, dass es ohnehin nicht geht. Ihr Leben ist einfach zu stressig. Sie sind nun mal nicht der Typ dafür.
    Die Alternative (unsere Empfehlung): Überlegen Sie gut, was wirklich realistisch ist, und nehmen Sie sich dann ein klein bisschen weniger vor! So machen Sie es sich leicht, Erfolgserlebnisse einzufahren.
2. »Pflegen Sie nur Ihren Perfektionismus.« Wenn Sie Ihr Vorhaben einmal nicht umgesetzt haben, geißeln Sie sich ordentlich dafür. Das wird Ihnen die Lust nehmen, am nächsten Tag wieder einzusteigen, und das Projekt ist gestorben.

Die Alternative (unsere Empfehlung): Schenken Sie sich ein Lächeln, freuen Sie sich, ein Mensch wie alle anderen zu sein, und seien Sie stolz darauf, dass Sie ab heute wieder dranbleiben.

3. »Bleiben Sie halbherzig.« Interpretieren Sie unsere Empfehlung, »freundlich und wohlwollend« zu sich selbst zu sein, als »Es ist ohnehin nicht so wichtig, was man tut«. Hauptsache, Sie fühlen sich wohl! Verdrängen Sie jetzt am besten alles, was in Ihrem Leben nach Veränderung schreit, und bestätigen Sie sich mit einem kräftigen »Na, so schlimm ist es ja gar nicht«. Nehmen Sie sich vielleicht eine harmlose informelle Praxis vor (das ist sicher »mehr Ihr Ding«), und machen Sie weiter wie bisher. *Die Alternative (unsere Empfehlung):* Machen Sie sich nichts vor: Achtsamkeit kann auf die Dauer umfänglich Ihr Leben ändern, wenn Sie eine neue Gewohnheit daraus machen. Nur dann! Nutzen Sie die folgenden Seiten für Ihren Plan! Starten Sie heute!

Wie wir neue Gewohnheiten kultivieren

Damit sich neues Verhalten wirklich einprägt und uns »in Fleisch und Blut« übergeht, müssen wir es viele Male wiederholen. Dann wird aus einem neuronalen Trampelpfad eine Achtsamkeits-Autobahn. Nach ein paar Wochen werden Sie nicht mehr darüber nachdenken, ob Sie sich nun Zeit für Ihre Praxis nehmen möchten oder nicht. Sie werden es einfach tun – genau wie Zähneputzen.

Sam erinnert sich daran, wie es war, mit dem Laufen zu beginnen: Anfangs musste er sich noch zu Trainingseinheiten zwingen. Irgendwann wurde das regelmäßige Joggen aber zur Gewohnheit, und er freute sich sogar darauf. Heute fühlt er sich unausgeglichen, wenn es einmal ausfallen muss.

Um tägliche Diskussionen in Ihrem inneren Team zu vermeiden (»Ist jetzt wirklich ein guter Zeitpunkt? Sollte ich nicht vorher noch diese Nachricht lesen/etwas essen/dieses Katzenvideo auf

YouTube ansehen?«), empfehlen wir Ihnen, die Praxis zu einem festen Ritual zu machen:

Eckpunkte der formalen Praxis

1. *Konstanter Zeitpunkt:* Bestimmen Sie ein Zeitfenster für Ihre formale Praxis, zum Beispiel immer nach dem Aufstehen oder abends vor dem Schlafengehen.
   Konstante Dauer: Starten Sie mit fünf Minuten. Erst wenn Sie das über vier Wochen durchgehalten haben, steigern Sie sich um fünf Minuten für die nächsten vier Wochen. Stellen Sie sich einen Wecker.
2. *Konstante Praxis:* Probieren Sie in einem Seminar oder bei der Lektüre dieses Buches verschiedene Techniken aus, und bleiben Sie dann für mindestens vier Wochen bei einer.
3. *Flugmodus ein oder Handy aus:* Wenn Sie Ihre formale Praxis morgens planen, verbinden Sie Ihr Smartphone erst nach der Praxis mit dem Netz. Wenn Sie Ihre Praxis machen, bevor Sie zu Bett gehen, schalten Sie das Smartphone davor in den Flugmodus oder besser ganz aus – und erst nach dem Frühstück wieder ein. Auch wenn Sie an einem festen Zeitpunkt tagsüber praktizieren: Flugmodus ein!
4. *Konstanter, ruhiger Raum:* Wählen Sie einen festen Platz, an dem Sie jedes Mal praktizieren, wenn Sie vor Ort sind, und sorgen Sie für eine ungestörte Atmosphäre. Wenn Sie auf Reisen sind, denken Sie daran, dass dies ein vorprogrammierter Anlass ist, um die Praxis wieder aufzugeben. Suchen Sie sich gleich beim Check-in einen Ort, an dem Sie zu Ihrem festgesetzten Zeitpunkt praktizieren werden.
5. *Achtsame, entspannte Körperhaltung:* Egal, ob Sie bei Ihrer Praxis – wie die meisten – sitzen oder lieber stehen, gehen oder liegen: Achten Sie auf eine gute Verankerung mit dem Boden, auf einen langen Nacken und entspannte Schultern. Der Atem muss gut fließen können.

Wenn Sie sitzen, gehen oder stehen, hilft Ihnen dabei der folgende Trick: Einmal die Schultern bewusst hochziehen, halten und locker fallen lassen.

6. *Nicht nachholen. Einfach wieder einsteigen:* Vermutlich wird es Tage geben, an denen Sie trotz bester Vorsätze aus welchen Gründen auch immer nicht praktizieren. Steigen Sie gleich am nächsten Tag einfach wieder in Ihre Routine ein. (Immer wieder neu zu beginnen, gehört dazu.) Versuchen Sie keinesfalls, »zur Wiedergutmachung« doppelt so lange zu üben. Sonst haben Sie schnell eine Last aufgetürmt, die nur kontraproduktiv wirkt.

Das Paradoxon der Achtsamkeit

Wenn Sie sich über Ihre Absicht und Wünsche im Klaren sind – dann lassen Sie diese am besten wieder los. »Wie bitte?« – fragen Sie sich an dieser Stelle vielleicht, »wozu denn erst formulieren, wenn wir sie dann wieder vergessen sollen?«

Nun, wir möchten gar nicht, dass Sie die Motive für die Übungspraxis vergessen. Aber es gibt das, was man das »Paradoxon der Achtsamkeit« nennt. Achtsame Präsenz ist dadurch charakterisiert, dass sie absichtslos, akzeptierend, entspannt und offen ist. Wir versuchen mit dem zu sein, was jetzt gerade ist. Dazu gehört auch, dass wir nicht in Widerstand mit dem Ist-Zustand gehen oder die Dinge anders haben möchten, als sie sind.
Wenn wir unsere Ziele mit in die Meditation nehmen und sie sozusagen funktionalisieren (»Ich möchte jetzt sofort ruhiger werden, indem ich meditiere«), dann wird dies den Prozess eher erschweren. Vielleicht erinnern Sie sich an eine unruhige Nacht, in der Sie unbedingt einschlafen wollten: Je mehr Sie sich aufs Schlafen fixiert haben, desto unentspannter wurden Sie und desto schwieriger war es, loszulassen und das gewünschte Ziel zu erreichen. Mit der Achtsamkeitspraxis verhält es sich sehr ähnlich.

Es ist also wichtig, sich darüber im Klaren zu sein, was Sie sich von der Achtsamkeitspraxis erhoffen. Aber während des Übens sollten Sie diese Absicht so gut wie möglich loslassen, um wirklich zu einer inneren Haltung der Achtsamkeit zu finden. Oder um das Paradoxe auf den Punkt zu bringen: Lassen Sie Ihre Ziele während der Praxis los, um sie zu erreichen.

Die Chancen stehen gut, dass Sie dann auch nicht verbissen praktizieren, sondern Ihre Motivation über längere Zeit aufrechterhalten können. Wenn auch die Praxis zu einem weiteren To-do auf der Liste wird, das Ihnen Druck macht, dann werden Sie vermutlich schnell die Lust dazu verlieren. Wir möchten Sie wirklich ermutigen, stattdessen mit möglichst viel Freude und Neugier zu üben. Die Praxis soll so angenehm sein, dass Sie gerne daran denken und sich dazu hingezogen fühlen.

Key Messages

» Formale Praxis ist kein Selbstzweck. Sie entwickelt grundlegende Fähigkeiten für das »wirkliche« Leben – Ihre Führungsarbeit, Ihren Beruf, Ihr Privatleben.

» Mehrere Tausend Jahre Erfahrung und die moderne wissenschaftliche Forschung belegen: Wenn wir Achtsamkeit und ihre Effekte kultivieren wollen, ist die formale Praxis für die meisten von uns unerlässlich. Klavierkonzerte geben, ohne zu üben, geht auch nicht.

» Eine regelmäßige Praxis braucht klare, kraft- und liebevolle Selbstführung. Die enthält zwei Zutaten: eine klare Routine mit sauber definierten Eckpunkten und eine warmherzige, humorvolle Haltung uns selbst gegenüber.

» Eine regelmäßige Praxis befähigt uns darin, auch andere immer mehr in einer klaren, kraftvollen und warmherzigen Haltung zu führen.

Reflexionsfragen

- Mit welcher Technik praktizieren Sie?
- Wann, wie oft und wie lange?
- Falls Sie schon öfter versucht haben, eine regelmäßige Praxis zu etablieren, und gerade keine haben: Welcher der Gedanken in diesem Kapitel hilft Ihnen am meisten für den Wiedereinstieg?
- Welche Gründe fallen Ihnen jetzt schon ein, die Sie an einer regelmäßigen Praxis hindern (Zeitmangel, Müdigkeit, Schmerzen, Unruhe …)?
- Welche Strategien wenden Sie an, um diese Hindernisse zu überwinden?

Übung im Alltag

Sie erfahren in diesem Kapitel, wie Sie Ihren »Achtsamkeitsmuskel« trainieren können, damit die Praxis Bestandteil Ihres Alltags wird, was unsere Top-10-Liste in Sachen Selbstmanagement ist und wie Sie in Zukunft nie wieder Langeweile haben.

Weitermachen wie bisher – nur achtsamer

Die Übung im Alltag wird oft auch als »informelle Praxis« bezeichnet. Die Grundidee dabei ist, dass man eine Tätigkeit, der man auch sonst nachgehen würde, in einer Haltung der Achtsamkeit ausführt: Zähne putzen, eine Treppe hinaufgehen, Termine planen, schwierige Gespräche führen, Team-Meetings leiten …

Wir empfehlen Ihnen, einige Gelegenheiten zu identifizieren, die sich für Sie besonders gut als Übungsmöglichkeiten eignen. Wie bei der formalen Praxis gilt auch hier: Die Übungsmöglichkeiten sollten einen leichten »Stretch« bedeuten und Sie in Ihre Erweiterungszone bringen, aber Sie auch nicht überfordern.
Die beste informelle Praxis ist die, die Sie tatsächlich machen. Wir empfehlen Ihnen, erst einmal nur ein, zwei Übungen oder Impulse zu einem festen Ritual zu machen. Nutzen Sie Erinnerungshilfen!

Training, Essen, Duschen

Gelegenheit zum Ärgern
gibt es genügend …

... zur Übung im Alltag genauso.

Informelle Praxis: Unsere Top 10
in Sachen Selbstmanagement

Wir beschäftigen uns seit vielen Jahren damit, was Führungskräfte in ihrer täglichen Selbstführung am besten unterstützt. Unter anderem interessieren wir uns dafür, was ein paar Wochen oder Monate nach unseren Seminaren und Coachings hängen geblieben ist und was aus Sicht der Teilnehmer besonders wertvoll war.

Unsere Top 10 der informellen Praxis aus Hunderten von Follow-up-Berichten haben wir Ihnen hier zusammengestellt. Fühlen Sie sich natürlich frei, die Liste zu ergänzen und Ihre informelle Praxis laufend auszuweiten. Die Möglichkeiten sind unendlich.

Platz 1: Feste E-Mail-Zeiten

Führen Sie feste E-Mail-Zeiten ein (zum Beispiel zweimal täglich), in denen Sie Ihre Mailbox öffnen und Nachrichten gesammelt beantworten. Dann schließen Sie das Programm wieder, damit Sie fokussiert arbeiten können.

Deaktivieren Sie die Pop-up-Funktion, mit der Ihnen jede eingelangte Mail sofort angezeigt wird. Wenn Sie auf jede hereinflatternde Nachricht reagieren, dann wird Ihre Konzentration unvermeidlich ständig unterbrochen – und darunter leidet Ihre Produktivität enorm.

Lesen Sie abends zu Hause keine E-Mails mehr. Bildschirmarbeit am Abend ist durch das blaue Licht von Smartphone und Laptop Gift für unsere Schlafqualität.

Platz 2: Wartezeiten nutzen oder: Nie wieder Langeweile!

Wann immer Sie Schlange stehen, im Stau festsitzen, die Internet-Verbindung Sie ausbremst oder Sie in einer Warteschleife hängen: Statt sich zu ärgern oder zum Smartphone zu greifen, nutzen Sie diese Zeit für eine Achtsamkeitsübung. Auch Reisezeiten in der Bahn oder im Flugzeug sind dafür hervorragend geeignet. Für die meisten ist der automatische Griff zum Smartphone das größte Hindernis für diese Übung. Empfehlung: Kombinieren Sie diese Übung mit Platz 4!

Platz 3: Innere Vorbereitung auf ein Meeting

Verbinden Sie sich vorher einen Moment lang mit sich selbst, zum Beispiel durch die Konzentration auf den Atem oder Ihren Körper. Verbinden Sie sich dann gedanklich mit den anderen Teilnehmenden: Grüßen Sie jede Person vor Ihrem inneren Auge und achten Sie auf Ihre Körperreaktionen. Wenn Sie merken, dass unangenehme Gefühle aufsteigen: Lächeln Sie sich innerlich zu und machen Sie eine kleine Mitgefühlsübung (s. Kapitel »Sozialkompetenz und Mitgefühl«).

Zuletzt verbinden Sie sich auch mit Ihren Zielen: Was wollen Sie in diesem Gespräch erreichen?

Platz 4: Den Smartphone-Automatismus unterbrechen

In Wartezeiten und unterwegs den Impuls wahrnehmen, zum Smartphone zu greifen. Dem Impuls jedes zweite Mal nicht nachgeben. Stattdessen für fünf Minuten einfach den gegenwärtigen Moment wahrnehmen. Danach das Smartphone bewusst nehmen, wenn noch Zeit bleibt.)

Empfehlung: Legen Sie sich ein Armband oder Ähnliches zu, das Sie jedes Mal wechseln, wenn Sie den Smartphone-Impuls wahrgenommen haben. Immer wenn das Armband rechts ist, verwenden Sie das Smartphone. Immer wenn es links ist, nicht.

Platz 5: Reminder für einen Check-in zwischendurch (zufällig und geplant)

Zufälliger Check-in: Lassen Sie sich drei- bis fünfmal täglich zufällig von Ihrem Smartphone daran erinnern, eine kurze Achtsamkeitsübung zu machen. Tun Sie das dann innerhalb von fünf Minuten. Eine Minute achtsames Atmen reicht schon. Wenn Sie in einem Meeting sind, gehen Sie einfach kurz auf die Toilette. Oder Sie entscheiden sich dafür, statt dem Atmen einfach bewusst Ihre Fußsohlen zu spüren. Vorteil: Das geht sogar, wenn Sie gerade eine Präsentation halten. Unter dem Schlagwort »Random Reminder« finden Sie entsprechende Apps.

Geplanter Check-in: Stellen Sie sich einen Wecker, der Sie drei- bis fünfmal täglich daran erinnert, eine kurze Achtsamkeitsübung zu machen. Wählen Sie dabei Zeiten, in denen Sie voraussichtlich Zeit haben, die Übung auch wirklich in Ruhe zu machen. Machen Sie zum Beispiel einen kurzen Body-Scan. Auch eine Minute achtsames Atmen reicht schon.

Platz 6: Mittagspausenmeditation

Nehmen Sie sich kurz Zeit in Ihrer Mittagspause, um eine Achtsamkeitsmeditation Ihrer Wahl zu praktizieren. Das können Sie alleine am eigenen Schreibtisch genauso tun wie gemeinsam mit anderen in einer festen Mittagspausen-Meditationsgruppe.

Bei unseren Teilnehmern hat sich als häufigste Variante ein »Mindful Lunch« herauskristallisiert, bei dem die ersten fünf Minuten achtsam und im Schweigen gegessen wird. Danach geht das Mittagessen »normal« und mit Unterhaltung weiter. Zumindest einen »Buddy« dafür zu haben, hilft.

Platz 7: Innehalten vor wiederkehrenden Ereignissen

Wählen Sie ein konkretes Ereignis aus, das Sie in Zukunft dazu nutzen möchten, um einen Augenblick innezuhalten und eine kurze Achtsamkeitsübung zu machen – etwa vor jedem Anruf, vor Meetings oder vor den Mahlzeiten. Was sich dabei sehr bewährt: Stellen oder kleben Sie sich kleine Erinnerungshilfen an die entsprechende Stelle, und wechseln Sie sie, sobald Sie merken, dass ein Gewöhnungseffekt eintritt.

Platz 8: Kalender-Reflexion

Nehmen Sie sich einmal pro Woche Zeit, um sich einen Moment lang mit sich selbst zu verbinden (zum Beispiel durch zwei, drei bewusste Atemzüge) und darüber zu reflektieren, welche der Termine in der kommenden Woche wirklich notwendig sind, wo Ihre Anwesenheit tatsächlich einen Unterschied macht. Alle anderen Meetings und Termine streichen Sie konsequent.

Platz 9: OM to go $+ \ 2 hm \ Fitness$

Nutzen Sie Wege wie zur <u>Toilette</u>, zum <u>Kaffeeautomaten</u> oder ins Parkhaus für eine Gehmeditation, indem Sie bewusst die Fußsohlen beim Gehen wahrnehmen. Das muss gar nicht langsam sein. Mit etwas Routine können Sie sogar aus dem Spurt zur U-Bahn eine Achtsamkeitsübung machen.

Platz 10: Innehalten bei emotionalen E-Mails

Untersuchungen zeigen, dass Botschaften in E-Mails eher negativ verstanden werden. Wenn Sie merken, dass Ärger im Spiel ist, nehmen Sie einen Atemzug, achten Sie auf Ihre Körperwahrnehmungen, und warten Sie im Zweifelsfall noch mit dem Versand Ihrer Nachricht.

Wie gesagt: Nehmen Sie sich nicht zu viel vor, aber nehmen Sie sich zumindest eine (maximal eine zweite) Übung vor. Wenn es gelingt, die in Ihren Alltag zu integrieren, wird das verlässlich eine Wirkung haben.

Key Messages

» Um den Transfer in den Alltag zu schaffen, ist es wichtig, Achtsamkeit nicht nur in der formalen Praxis zu üben.

» Ein bis zwei Übungen im Tagesablauf reichen schon aus, um sich auf den Weg zu machen. Mit der Zeit wird unsere Geistesgegenwart wachsen und eine achtsame Grundhaltung immer mehr zur Selbstverständlichkeit.

» Suchen Sie sich eine Übung aus, die für Sie als Typ und in Ihrem konkreten Job realistisch ist, und bleiben Sie dran.

» Nutzen Sie Erinnerungshilfen, oder bauen Sie sich gleich ein Erinnerungssystem (ein Objekt oder ein Post-it am entsprechenden Ort, einen Eintrag in Ihrem Kalender, eine App, ein Armband …).

Reflexionsfragen

• Welche Übung(en) für den Alltag nehmen Sie sich vor?
• Welche Erinnerungshilfen haben Sie dafür vorgesehen?

hir weiter

Leben

Sam erfährt hier, warum Achtsamkeit allein begrenzt wirkt, was es mit Neuroplastizität auf sich hat und wie sich die »Healthy Mind Platter« zusammensetzt. Angeregt durch die folgenden Abschnitte, stellt er sich auch die Frage: »Wie will ich wirklich leben?«

Acht Zutaten für den achtsamen Umbau Ihres Gehirns

Früher war Adrenalin Sams Lebenselixier, und dementsprechend lebte er sein Leben: Telefonate, Entscheidungen, Business Lunch, Hotelbetten, Flugzeuge, Abendeinladungen – so wichtig und gefragt. Klar, dass da manchmal gesundes Essen, ausreichend Schlaf, Familie und Freundschaften zu kurz gekommen sind, aber das war es Sam absolut wert. Zumindest für einige Jahre …

In der letzten Zeit hat sich Sam öfter gefragt, ob ihn das wirklich glücklich macht und auch, wie lange er dieses Leben durchhalten kann, ohne krank zu werden? Genau diesen Fragen sind die beiden Amerikaner Dan Siegel und David Rock nachgegangen. Sie sind Experten, wenn es um Neurowissenschaften und Leadership geht. Sie haben mit der sogenannten »Healthy Mind Platter« wesentliche Faktoren zusammengefasst, die erwiesenermaßen Menschen dabei unterstützen, psychisch gesund und leistungsfähig zu bleiben. Mehr noch: Sie schaffen die besten Grundvoraussetzungen für die Bildung neuer, hilfreicher Vernetzungen in Ihrem Gehirn. Wie Sie aus dem Kapitel »Sich und andere besser verstehen: das Salzburger Achtsamkeitsmodell« schon wissen, heißt die Fähigkeit des Gehirns, sich ein Leben lang zu verändern und weiterzuentwickeln, Neuroplastizität. Alles, was wir tun, wirkt dabei auch auf unser Gehirn. Die Frage ist nur, ob auf hilfreiche oder auf negative Art.

Acht Treiber für Neuroplastizität

Im folgenden Abschnitt finden Sie acht Treiber für Neuroplastizität, die unser Gehirn unterstützen, Bahnen auszubilden, die uns gesund und erfolgreich machen:

LEBEN: 8 TREIBER FÜR NEUROPLASTIZITÄT

Fokus

Einkehr

Beziehungen

Neues

Humor

Bewegung

Ernährung

Schlaf

Fokus: Wenn wir unsere Aufmerksamkeit konzentriert auf etwas richten, dann schafft das neue neuronale Verbindungen und Netzwerke in unserem Gehirn. Es ist also wichtig, sich auf seine Ziele zu fokussieren und Zeiten zu haben, in denen man sich nicht ablenken lässt. So wird Flow-Erleben möglich. Unser Gehirn lernt, und wir fühlen uns glücklich(er).

Einkehrzeit: Wie Sie bereits gelernt haben, brauchen wir die Innenschau, um alle Ebenen unserer Erfahrungswelt zu integrieren. Indem wir regelmäßige »Check-ins« bei uns selbst einplanen, unterstützen wir unser Gehirn dabei, aus Erfahrungen zu lernen und sich immer weiter zu entwickeln. Auch Mußezeiten, in denen wir gar nichts tun, außer dazusitzen (ohne zu meditieren!) oder spazieren zu gehen, sind wichtig für unseren Kopf.

Beziehungen: Neuere Studien zeigen, dass Einsamkeit und Isolation mindestens genauso gefährlich für unsere Gesundheit sind wie Rauchen oder Übergewicht. Wir Menschen sind zutiefst soziale Wesen und brauchen das Gefühl der Verbundenheit mit anderen. Es dient Ihrer Gesundheit und Leistungsfähigkeit, wenn Sie Zeiten einplanen, in denen Sie die Verbundenheit mit anderen Menschen oder die Verbundenheit mit der Natur spüren können.)

(Neues: Wenn wir das Gehirn immer wieder einmal spielerisch und spontan für neue Stimuli öffnen, bleibt es jung und flexibel. Wenn wir immer wieder einmal neue Menschen, Themen und Perspektiven achtsam und wertschätzend in unser Leben lassen, kommen wir leichter aus unserem Komfortbereich in die produktive Lernzone.)

(Humor: Auch Lachen und Leichtigkeit scheinen gesundes Gehirnwachstum zu fördern.) Einer der humorvollsten Menschen, die wir kennen, ist der Dalai Lama. »When things become too serious I do this …«, sagt er gerne und pikst seine Gesprächspartner unter lautem Gekicher mit dem Finger in die Seite. Wir selbst, die Menschen um uns herum und die Achtsamkeitspraxis sind viel zu wichtig, um uns und das alles gar zu ernst zu nehmen.

(Die großen drei – Bewegung, Ernährung, Schlaf: Regelmäßige Bewegung, gesunde Ernährung und ausreichend Schlaf sorgen dafür, dass auf physiologischer Ebene die Voraussetzungen für Neuroplastizität ideal sind.)

Wenn Sie sich nun denken, wow, das sind ja viele Dinge, auf die ich jetzt achten sollte, dann erinnern Sie sich an die Strategie der kleinen Schritte. Sie müssen nicht zum Veganismus konvertieren oder jeden Tag für den Marathon trainieren. Es reicht schon, wenn Sie diese Impulse aufnehmen und da, wo es leicht geht, umsetzen. Schon kleine Veränderungen können Ihre Lebensqualität deutlich erhöhen.

Wer will ich wirklich sein? Wie will ich leben?

Falls Sie Achtsamkeit als neue Superdroge betrachten würden, mit der Sie zum Beispiel ein noch effizienterer Hamster im Rad werden, müssten wir Sie spätestens an dieser Stelle enttäuschen. Nur zwei bis drei der acht Faktoren (nämlich Einkehr und Fokus) haben mit formaler Achtsamkeitspraxis im engeren Sinn zu tun. Wenn wir weiterhin nur Fast Food essen, uns keine Chance geben, ausreichend zu schlafen, unseren Körper und die wesentlichen Beziehungen unseres Lebens vernachlässigen, werden wir durch Achtsamkeit allein nicht ausgeglichener oder glücklicher werden.

Achtsamkeit kann Sie dabei unterstützen, schwierige Muster und Verhaltensweisen in Ihrem Leben in Ihr Bewusstsein zu bringen. Sie kann Ihnen helfen, die innere Ruhe und Stärke zu entwickeln, um schlechte Gewohnheiten loszulassen oder zu verwandeln. Ihre sensiblere Körperwahrnehmung, Ihr wachsendes Mitgefühl anderen und sich selbst gegenüber werden sich vermutlich auch im Privaten positiv auswirken. Sie werden auf vieles gelassener reagieren können, und vielleicht spüren Sie auch den Wunsch, positive Gewohnheiten innerhalb Ihrer Freizeit oder Ihres Familienlebens zu etablieren.

Aber die Fragen »Wer will ich wirklich sein?« und »Wie will ich leben?« werden immer Sie selbst stellen und beantworten müssen. Die jahrtausendealte Erfahrung mit dem Thema passt hier gut zu unserer bescheidenen persönlichen Erfahrung und vielen Gesprächen, die wir dazu geführt haben:
Auf dem Weg der Achtsamkeit werden sich im Lauf der Jahre auch Ihre persönlichen Werte und Prioritäten immer wieder wandeln und verändern. Was vielleicht Ihre Einstiegsmotivation war, um mit der Praxis zu beginnen, wird wahrscheinlich irgendwann völlig irrelevant für Sie sein. Andere Lebensthemen kommen in den Vordergrund.

So gesehen wird Achtsamkeit Sie nie an ein Ziel bringen, aber sie wird Ihnen helfen, immer wieder in Kontakt mit Ihrem größten gegenwärtigen Potenzial zu kommen und sich selber und Ihr Leben weniger zu versäumen.

Finden Sie Verbündete

Als wir vor Jahren damit begonnen haben, Freunden, Bekannten und Kunden von unserer Achtsamkeitspraxis, unseren Fragen dazu und Erfahrungen damit zu berichten, stellte sich heraus: Wir waren nicht allein! Im Gegenteil: Wir fanden zu unserer großen Überraschung heraus, dass viel mehr Menschen als wir gedacht hätten schon selbst Erfahrungen damit gesammelt hatten, interessiert daran waren, Hinweise dazu hatten. Daraus sind ungezählte spannende Gespräche und echte Freundschaften entstanden.

Wir haben festgestellt, dass es hilfreich für den Aufbau einer regelmäßigen Übungspraxis ist, sich mit Gleichgesinnten zusammenzutun. Suchen Sie sich Mitstreiter! Vielleicht Kollegen, Freunde, die sich für das Thema interessieren, oder Teilnehmer aus einem Achtsamkeitsseminar.

In einigen Unternehmen treffen sich Kollegen in der Mittagspause in einem leeren Besprechungsraum, um dort gemeinsam eine halbe Stunde zu meditieren. Sie können auch eine WhatsApp-Gruppe gründen, in der Sie sich gegenseitig motivieren und Termine fürs gemeinsame Üben vereinbaren. Oder Sie suchen sich einen »Achtsamkeits-Buddy«, mit dem Sie sich regelmäßig über Ihre Erfahrungen austauschen. In größeren Städten gibt es auch Meditationsgruppen unterschiedlichster Schulen und Traditionen, die gemeinsame Übungsabende anbieten.

Seminare & Retreats

Wenn Sie bis hierher gelesen haben, hat Ihr kognitives System mit hoher Wahrscheinlichkeit bereits eine Ahnung davon bekommen, was dieses Thema für Sie bereithält. Machen Sie gerne mehr daraus, zum Beispiel durch ein Seminar, einen »Mindfulness-Based Stress Reduction«-Kurs (MBSR) oder ein *Retreat*. In dieser Form des Rückzugs verbringen wir eine gewisse Zeit und oft auch im Schweigen ausschließlich mit der Praxis. Im Abschnitt »Auf Wiedersehen!« im Anhang finden Sie eine Übersicht mit den wichtigsten Adressen, empfohlener Literatur und praktischen Apps.

(Immer wieder neu beginnen

Es ist übrigens kein Drama, wenn Sie doch einmal ein paar Tage Ihre Übungseinheiten vergessen oder ausgelassen haben. Den meisten von uns geht es hin und wieder so – sie sind damit nicht allein. Viel dramatischer wäre, wenn Sie nun aufgeben, weil Sie glauben, ein hoffnungsloser Fall zu sein. Sie können immer wieder neu beginnen. Verurteilen Sie sich nicht, und lassen Sie den inneren Kritiker schweigen. Schmunzeln Sie lieber über Ihre Menschlichkeit, und seien Sie stolz darauf, dass Sie ab heute wieder dranbleiben.)

> ### Key Messages
>
> » Damit Achtsamkeit sich in Ihrem Leben insgesamt positiv auswirken kann (und das mit der Neuroplastizität gut klappt), beschränken Sie sie nicht auf die Praxis. Seien Sie es sich wert, gut für sich zu sorgen.
>
> » Die Fragen »Wer will ich sein?« und »Wie will ich leben?« beantworten sich nicht allein durch Übungen.

Allerdings hilft uns die Achtsamkeitspraxis hier, sensibler zu werden für eigene Bedürfnisse und Wahrnehmungen. Wir erhalten Zugang zur Weisheit, Kreativität und Lebendigkeit unseres somatischen Systems.

» Schaffen Sie sich ein Umfeld, das Sie in Ihrer Praxis unterstützt. Ein einziger Verbündeter, mit dem Sie sich regelmäßig zu Ihrer Praxis austauschen, vervielfacht die Wahrscheinlichkeit, dass Sie dranbleiben.

» Bücher und Filme helfen, die Thematik noch besser zu verstehen und zu verinnerlichen.

» Zumindest ein Seminar pro Jahr hilft Ihnen, immer wieder in Kontakt mit dem Thema zu kommen.

» Retreats geben Ihrer Entwicklung einen Schub, den Sie alleine vermutlich nicht in dieser Form erreichen können.

Reflexionsfragen

• Wo stehen Sie bezüglich der acht Treiber für Neuroplastizität?

• Bei welchen ein bis zwei Aspekten sehen Sie den größten Handlungsbedarf?

• Wie sähe ein ganz konkreter Umsetzungsschritt aus, den Sie dazu morgen beginnen könnten?

• Welcher ist Ihr Weg, »dranzubleiben«? Setzen Sie eine konkrete Aktion!

Mindful Leadership in der Praxis

Mindful Business: Digitalisierung

Sam geht heute mit den Suchtmechanismen digitaler Medien bewusster um. Ihm ist deutlich, wie digitales Arbeiten und Dissoziation zusammenhängen. Deshalb erkennt er heute rascher, wenn er in eine digitale Trance geraten ist, weiß, warum Likes so wichtig für ihn sind und welche Strategien ihm und seinem Team helfen, digitale Tools zu nutzen, ohne von ihnen genutzt zu werden.

Der Alltag ist die Teststrecke jedes Modells. Sie wissen das aus Ihrem Führungsalltag: Die schickste Power-Point-Präsentation und das schlüssigste Organigramm nützen nur wenig, wenn die Umsetzung in der Praxis nicht gelingt.

Sie haben hoffentlich schon einen ersten Eindruck davon erhalten, welche positiven Effekte das Kultivieren von achtsamer Präsenz haben kann. Aber wir möchten noch tiefer gehen und einige konkrete Beispiele direkt aus dem lebendigen Führungsalltag aufgreifen, damit Sie ein noch klareres Bild bekommen. Einerseits, weil wir hoffen, dass es Ihnen dann noch leichter fällt, sich für eine regelmäßige Praxis und die Umsetzung im täglichen Leben zu motivieren. Andererseits, weil wir es uns zur Aufgabe gemacht haben, das Salzburger Achtsamkeitsmodell eben so zu konzipieren, dass es sich in verschiedenen Anwendungsbereichen schlüssig entfalten lässt. Dazu haben wir auch andere starke Modelle, die wir in unserer Arbeit mit Unternehmen, Organisationen und in Führungsetagen mit Erfolg anwenden (zum Beispiel aus dem Bereich Organisationsentwicklung), integriert.

Auf den nächsten Seiten tauchen wir beispiel- und ausschnitthaft in verschiedene Felder des Führungsalltags ein, um Ihnen einen ersten Eindruck davon zu geben, wie Sie positive Impulse setzen und von diesen profitieren können.

Digitale Süchte

Adam Alter, Professor an der *Stern Business School* in New York, hat sich intensiv mit der Frage auseinandergesetzt, wie sich die digitalen Medien auf unser Bewusstsein auswirken und was sie so unwiderstehlich macht. Er zitiert in seinem Buch *Unwiderstehlich* Studien, nach denen 40 Prozent und mehr der amerikanischen Bevölkerung an zumindest einer Form von Internet-Abhängigkeit leiden, sei es von E-Mails, sozialen Medien, Spielen oder Pornos[44].

Die Geister, die ich rief

Internet-Abhängigkeit, das bedeutet, dass die Person unfähig wird, verlässlich vorherzusagen, wann das Verhalten auftauchen und wie lange es dauern, wann sie es beenden wird oder welche anderen Verhaltensweisen gemeinsam mit dem Suchtverhalten auftreten werden. Beeinträchtigungen im Beruf können dazukommen, Schwierigkeiten in sozialen Beziehungen, kriminelle Verhaltensweisen und Konflikte mit dem Gesetz, erhöhtes Risikoverhalten, körperliche Verletzungen und Behinderungen, finanzielle Verluste oder emotionale Traumatisierung.

Digitale Süchte werden nach Adam Alter in veränderlichen Gewichtsanteilen mit den folgenden Zutaten hergestellt[45]:

1. attraktive Ziele, die ein klein wenig außerhalb der aktuellen Reichweite sind;
2. unwiderstehliches und unvorhersagbares positives Feedback;
3. der Eindruck von schrittweisem Fortschritt und Verbesserung;
4. Aufgaben, die mit der Zeit langsam schwieriger werden;
5. unaufgelöste Spannungen, die auf ihre Lösung warten;
6. starke soziale Verbindungen.

Zumindest eine Zutat steckt hinter jeder digitalen Sucht, so Alter. Viele digitalen Angebote kombinieren mehrere Zutaten zugleich. Die Gefahr, in irgendeiner Form süchtig zu werden, ist heute um vieles höher als je zuvor in der Menschheitsgeschichte. Das Internet produziert permanent neue Angebote, die mit immer raffinierteren psychologischen und technologischen Strategien alles daransetzen, sich bei einer geneigten Zielgruppe festzusetzen. Facebook ist nicht Ihr Ding? Kein Problem, dann vielleicht Instagram. Oder World of Warcraft. Oder …
Irgendwann erwischt es jeden – oder eben derzeit 40 Prozent der Bevölkerung.

Dissoziaton durch Digitalisierung

Selbst wenn wir (noch) an keiner digitalen Sucht leiden, spüren wir alle: Die Digitalisierung ist für uns eine große Herausforderung. Sie lädt uns dazu ein, mehr Zeit in der digitalen Welt und weniger Zeit in unserem Körper zu verbringen. Wir verabschieden uns mit unserem Bewusstsein aus dem Hier und Jetzt. Damit machen wir unweigerlich einen Schritt in Richtung Entkoppelung der beiden Systeme Denken und Wollen, weil wir uns im verbindenden Element, im Fühlen, nicht mehr spüren. Die Gefahr ist, dass wir uns immer mehr von uns selbst entfremden und uns nicht mehr richtig konzentrieren können (siehe Abschnitt »Fokus« im Kapitel »Präsenz und ihre vier positiven Effekte«). Vielleicht erinnern Sie sich auch noch an die Studie »Wandering Mind – unhappy Mind« aus dem gleichen Kapitel. Damit wird ganz offensichtlich und plausibel, was 2016 eine Befragung der Uni St. Gallen unter 8000 deutschen Arbeitnehmern ergeben hat: Je digitaler der Arbeitsplatz, desto niedriger ist die Arbeitszufriedenheit.

Ein Smartphone auf dem Tisch reduziert die Gesprächsqualität, selbst wenn es ausgeschaltet ist. Andrew Przybylski und Netta Weinstein haben 2013 eine bemerkenswerte Studie durchgeführt[46]: Fremde Personen wurden eingeladen, sich jeweils zu zweit zu unterhalten. In manchen Fällen lag ein ausgeschaltetes Smartphone auf dem Tisch. In genau diesen Fällen fanden die Gesprächspartner die Unterhaltung nachher weniger empathisch und vertrauensvoll als in den Fällen ohne Smartphone. Offensichtlich hat sich das Smartphone in unser Gehirn eingebrannt als die ständige Erinnerung daran, dass wir permanent auf Abruf sein müssen und uns nur ja nicht zu sehr auf den gegenwärtigen Moment einlassen sollten.

Zahlreiche Studien warnen mittlerweile auch, dass das blaue Licht von Bildschirmen und Screens unser Gehirn und Nervensystem durcheinanderbringt und den Hormonhaushalt beeinflusst.[47] Die Folge davon: Die Schlafqualität sinkt, und wir bekommen Schwierigkeiten beim Einschlafen, Durchschlafen, oder wir wachen zu früh auf. Deshalb brauchen wir etwas Leerlauf zwischen Bildschirmarbeit und dem Zubettgehen. Und nicht nur da!

Mehr offline statt online

Sam hat heute zwei analoge Wecker. Das gibt ihm die Sicherheit, wirklich aufzuwachen, falls ein Wecker ausfällt. In der Arbeit greift er öfter zum Telefonhörer, um Dinge zu klären. Er nutzt die digitalen Möglichkeiten, wenn er sie braucht und wo sie ihm helfen, doch auch dann mit Maß. Der Drang, alles gleich zu erledigen, hat ihn früher oft in die Bredouille gebracht. Wenn er heute kritische Mails schreibt, sendet er sie erst am nächsten Tag ab. Sam ist insgesamt wesentlich produktiver und effizienter geworden in seiner Arbeitszeit. Verteilt über seinen Arbeitstag hat er sich kleine Reminder eingeplant, die ihn entschleunigen. Auch die bewusste Zeit mit seiner Frau ist sehr wertvoll für ihn. Unter anderem für sie hat er sich für eine Offline-Zeit von mindestens zehn Stunden pro Tag entschieden und sucht auch nur noch in absoluten Ausnahmefällen nach 21:00 Uhr den Platz vor einem Bildschirm auf.

Der Geist, zurück in der Flasche

Wege aus der digitalen Trance

Sam hat gelernt, früh wahrzunehmen, wenn er wieder in eine digitale Trance gelangt ist und ihn das E-Mail-Wegarbeiten, Facebook oder YouTube in den Bann gezogen haben.

Das »Abhängen« in der digitalen Welt ist für ihn ein Zeichen, dass er Erholung und Bestätigung braucht. Wenn er merkt, dass er wieder ganz in den virtuellen Raum gezogen wurde, steht er auf, lässt seine Arme zu Boden hängen, richtet sich wieder auf und stellt sich dann eine Frage: »Ist das, was ich jetzt mache, erholsam, bereichernd, oder tut es mir auf irgendeine Art und Weise gut?« Bei einem »Nein« schließt sich gleich die nächste

Frage an: »Wonach ist mir jetzt gerade?« Manchmal liest er dann, ein andermal macht er Sport oder eine Achtsamkeits-übung.

Wesentlich ist für Sam, dass er sich immer besser kennenlernt und sich auf die Schliche kommt, für welche Reize und Trigger er besonders empfänglich ist. Dafür hält er bei der Bildschirm-arbeit immer wieder einmal inne und horcht in sich hinein, was ihn jetzt »am Laufen« hält:

Ist es die Hoffnung, wieder ein Like bekommen zu haben? Der rote Hinweis beim Logo der App, der signalisiert, dass schon wieder sieben neue Nachrichten auf ihn warten? Ist es die An-spannung, die er angesichts der vielen unbeantworteten Mails verspürt, und die Illusion, dass sich diese Spannung auflöst, wenn er die 50 Mails bearbeitet hat?

Diese bessere Selbstkenntnis hilft Sam dabei, das Steuerrad bei seiner digitalen Aktivität mehr in die eigene Hand zu bekom-men, bewusster auszusteigen oder Pausen einzulegen, in denen er zumindest kurzzeitig wieder im Hier und Jetzt ankommen kann.

Eine informelle Praxis hat Sam in diesem Zusammenhang auch für sich entdeckt: Er sitzt morgens fünf Minuten vor dem einge-schalteten Mail-Programm und sieht zu, wie die Nachrichten hereinkommen. Dabei beobachtet er aufmerksam seinen Impuls, gleich loszulegen, und gibt diesem Impuls nicht nach. Ein starkes Training für den »Selbststeuerungsmuskel«!

Präsenz- und Online-Meetings

Sam merkt es mittlerweile, wenn seine Gesprächspartner durch Stress und Bildschirmarbeit arg dissoziiert sind – zum Beispiel an ihrem etwas verlorenen, leeren Blick, fahrigen oder verlang-samten Bewegungen, der geringen Kraft in ihrer Stimme.

Um die Teilnehmer zumindest während der Treffen wach und präsent dabeizuhaben, hat er ein paar Meeting-Techniken eingeführt (siehe Kapitel »Mindful Business: Meetings«), allen voran einen kurzen Check-in.

In allen Meetings, in denen das möglich ist, hat Sam eine strikte »No Laptop, no Smartphone«-Policy eingeführt. Wenn in einem Termin elektronische Medien unvermeidbar sind, baut er bewusste Offline-Sequenzen ein, in denen die Bildschirme aus sind, etwa beim Check-in und Check-out.

Sam hat sich selbst in Online-Meetings zugeschaut und bemerkt, wie schnell er abschweift und in seine E-Mails oder sonst wohin abdriftet, sobald er nicht aktiv etwas sagen muss. Das passt gut zum Erfahrungswert, dass die Verbindlichkeit und Umsetzungsqualität von To-dos und Entscheidungen in virtuellen Meetings merklich geringer ist. Seine Erkenntnis: Direkte Kommunikation ist schon anspruchsvoll genug, virtuelle Kommunikation noch einmal mehr.

Mit seinen fachlich zugeordneten Mitarbeitern und Projektteam-Mitgliedern von anderen Standorten hat er eine eigene Sequenz zu »Mindful Virtual Communication« gemacht. Ein starkes Aha-Erlebnis für alle Beteiligten war es, dass man sich auch in die virtuellen Gesprächspartner bewusst einfühlen kann und dass das ein kräftiger Anker für das eigene Bewusstsein ist, um auch per Zoom, Skype oder Webex wach und präsent zu sein. Die Meeting-Regeln setzt Sam online umso konsequenter und bewusster ein. Der Output seiner Meetings ist dadurch deutlich gestiegen und auch der Zusammenhalt in standortübergreifenden Teams.

Key Messages

» Längere Arbeit am Bildschirm führt uns nahezu zwangsläufig in eine Entkoppelung von unserem somatischen System. Apps und soziale Medien sind bewusst so designt, dass sie uns in Abhängigkeiten führen und unsere Fähigkeit zur Selbststeuerung unterminieren.

» Smartphones und das Internet sind aus der modernen Welt nicht wegzudenken. Gleichzeitig sind sie die unangefochtenen Achtsamkeitskiller Nummer eins.

» Zahlreiche neurowissenschaftliche Untersuchungen belegen die desaströsen Auswirkungen von intensivem Medienkonsum auf unsere Aufmerksamkeit, Schlafqualität, Regenerationsfähigkeit und zahlreiche weitere Parameter.

» Wir brauchen in Zukunft einen wesentlich bewussteren und restriktiveren Umgang mit den modernen Medien, um sie in unserem eigenen besten Interesse und nicht gegen uns zu verwenden.

Reflexionsfragen

• Wann schauen Sie morgens zum ersten Mal auf einen Bildschirm (Smartphone, Rechner oder Fernseher)?

• Wann abends zum letzten Mal?

• Wie viele Stunden verbringen Sie ungefähr täglich am Smartphone? Hinweis: Laut Kevin Holesh, dem Entwickler der App »Moment«, unterschätzen wir diese Zeit massiv, durchschnittlich um 50 Prozent[48].

• Was sind die Köder, für die Sie besonders empfänglich sind?

Mindful Business: Ziele

Ziele hat Sam früher benutzt, um sich zu beweisen oder sich klein zu machen, je nachdem, ob er es erreicht oder verfehlt hatte. Jetzt nutzt Sam das Wissen über sein Gehirn, um sinnvoll zu priorisieren. Er hat einen Weg aus der »Wenn-dann-Falle« gefunden und lernt Ziele zu definieren, die seiner Ausrichtung entsprechen und seine Arbeit wirksam unterstützen.

In der »Wenn-dann-Falle«

Sam hat in vielen Management-Kursen gelernt, dass Ziele für das unternehmerische Handeln nicht hoch genug bewertet werden können. Gemeinsames Handeln funktioniert nur mit einer gemeinsamen Zielorientierung – auch in den privaten Lebens- und Karrierezielen.

Sam versuchte stets, seine Ziele möglichst akribisch zu definieren, um eine entsprechende Strategie zur Erreichung entwickeln zu können. Oft ging es für ihn darum, einen unangenehmen Zustand zu beenden, zum Beispiel »weniger Stress in meinem Leben« oder »weniger Konflikte mit meinen Mitarbeitern«. Er arbeitete konsequent, ja verbissen an der Zielerreichung. Wenn er seine Ziele nicht erreichte, nahm er dies als Beweis für seine Unfähigkeit und überlegte, wie er seine Defizite ausgleichen könnte. Erreichte er jedoch seine Ziele, stellte er sich nach der Anfangseuphorie die Frage, ob vielleicht noch mehr drin gewesen wäre.

Mit zunehmender Bewusstheit für seine Gefühle bemerkte er aber immer mehr, dass seine Hoffnung, die er mit der Erreichung des Zieles verbunden hatte, nicht eintrat. »Wenn ich endlich diese Beförderung erhalte, dann fühle ich mich als gute Führungskraft« oder »Wenn ich endlich den Marathon geschafft habe, dann fühle ich mich besser« stellten sich als Trugschlüsse heraus. Natürlich freute er sich, wenn er ein Ziel erreicht hatte, allerdings hielt dieser Effekt nur kurz an und führte nicht zur erwarteten dauerhaften Glücksvermehrung. Sam fühlte sich oft ernüchtert und erschöpft im »Hamsterrad seiner Ziele«.

Himmelhoch jauchzend bei Zielerreichung. Oder Katastrophe total

Glücklich sein und Ziele haben

Heute gelingt es Sam immer besser, im jetzigen Moment ausgeglichen und manchmal sogar glücklich zu sein und dennoch Ziele für die Zukunft zu haben. Geholfen hat ihm dabei eine Diskussion mit dem Trainer seines Mindful-Leadership-Trainings. Für Sam stand »Ziele entwickeln« im Gegensatz zu dem, was ihm im Training so hilfreich schien, nämlich dem »Erleben im Hier und Jetzt« und der Akzeptanz der gegenwärtigen Situation. Er hat die Worte aus dem Seminar im Ohr: »Es gibt kein Ziel in der Achtsamkeit – es gibt nichts zu leisten, nichts zu erreichen.« In der Seminardiskussion hat er erkannt, dass, sich Ziele für die Zukunft zu setzen, dem Impuls der Achtsamkeit nicht entgegensteht, sondern dass es sich vielmehr um ein »Sowohl-als-auch« handelt.

Er hat sich auch klargemacht, warum Dinge, von denen er dachte, sie würden ihn glücklicher machen, es nicht nachhaltig getan haben. Man spricht in dem Zusammenhang auch von der »hedonistischen Anpassung«, also von dem Phänomen, dass Menschen trotz großer positiver oder negativer Ereignisse oder Veränderungen (zum Beispiel Lottogewinn oder Querschnittslähmung) im Leben schnell zu einem stabilen Glückslevel, dem persönlichen »Glücks-Sollwert«, zurückkehren. Aber was hat sich bezüglich Sams Umgang mit seinen Zielen geändert?

Ob erreicht oder nicht: das Beste gegeben, eine lebenswerte Zeit gehabt und viel gelernt.

Ziele als Ausrichtung

(Der größte Unterschied ist, dass es Sam nun gelingt, Ziele eher als eine Ausrichtung zu sehen und nicht als ein starres Muss.) Er formuliert Ziele und nutzt seine intellektuelle Leistungsfähigkeit (kognitives System), um eine konkrete Zielrichtung festzulegen. Wenn er Ziele formuliert hat und diese sich »vom Bauch her« stimmig anfühlen (somatisches System), versucht er innerlich Abstand dazu zu gewinnen. Statt krampfhaft alle Kraft in die konkrete Erreichung zu setzen (hoher Energieverbrauch), sieht er das Ziel vielmehr wie eine Art Leitstern, der die Richtung vorgibt, ohne dass er sich innerlich unerbittlich darauf »festnagelt«.

Auch formuliert er heute bewusst eher »Hin zu«-Ziele (zum Beispiel »Ich sorge für regelmäßige Entspannung in meinem Leben« oder »Ich arbeite kollegial und konstruktiv mit meinen Mitarbeitern zusammen«) und nicht wie früher »Weg von«-Ziele (»weniger Stress in meinem Leben« oder »weniger Konflikte mit meinen Mitarbeitern«).

Ziele als Experimentier- und Lernfeld

Sam sieht Ziele heute als eine Art Experimentierfeld. Anstatt den Erfolg nur anhand des spezifischen Ergebnisses zu messen, beginnt er zu bemerken, welche Lernerfahrungen er »unterwegs« auf dem Weg der Zielerreichung macht. Indem er neugierig seine Gedanken und Muster verfolgt, die während des Prozesses auf ein Ziel hin entstehen, vertieft er sein Verständnis darüber, was ihn beflügelt und was ihn zurückhält. So hat er zum Beispiel erlebt, dass die Vorbereitungsarbeit für einen Vortrag für ihn sehr wichtig ist. Wenn er Modelle, Texte und Ideen anderer Experten zu seinem Thema liest, hilft ihm dies, in Fluss zu kommen. Doch kann diese Tendenz, wenn er sich nicht genau beobachtet, auch ein Eigenleben entwickeln und zu einem allumfassenden Forschungsprojekt werden, das von der Angst getragen ist, nicht genug zu wissen.

Wenn Sam heute seine Ziele erreicht, dann freut er sich, weiß aber auch, dass davon sein Lebensglück nicht abhängt. Bei verfehlten Zielen fragt er sich ehrlich, ob dieses Ziel überhaupt noch ein Ziel für ihn ist. Wenn ja, dann überlegt er, was er dafür tun kann, es beim nächsten Mal zu erreichen, und was bisher gefehlt hat. Das innere Drama, das er jahrelang um erreichte und verfehlte Ziele aufgeführt hat, ist vorbei.

> ### *Micro-Practice:* Visions-Bilanz
>
> Wann immer Sie ein wichtiges Ziel formulieren, nehmen Sie drei tiefe Atemzüge. Machen Sie sich Ihre Vision bewusst und überprüfen Sie, ob dieses Ziel Ihre Visions-Bilanz positiv beeinflusst und ob der Aufwand, der zur Erreichung dieses Ziels beiträgt (und damit Zeit für andere Ziele schmälert), gerechtfertigt ist.

Key Messages

» Ziele sind ein Kompass, der uns sowohl in Organisationen als auch in den privaten Lebens- und Karrierezielen zur Verfügung steht.

» Oft werden Ziele genutzt, um sich durch die Erreichung etwas zu beweisen, oder auch, um sich bei Nicht-Erreichung innerlich niederzumachen.

» Auch ein häufiger Trugschluss: Ziele zu erreichen macht uns glücklich. Dass dem nicht so ist, dafür sorgt die »hedonistische Anpassung«, die uns nach guten oder schlechten Ereignissen nach einer gewissen Zeit wieder auf unseren persönlichen Glückslevel zurückkehren lässt.

» »Hin zu«-Ziele haben eine größere Kraft als »Weg von«-Ziele. Wenn es gelingt, Ziele einfach als eine Ausrichtung zu nutzen und das Drama rauszunehmen, dann kann ich unterwegs auch Lernerfahrungen sammeln und mich so selbst besser kennenlernen.

Reflexionsfragen

• Wie ist Ihr Umgang mit Zielen? Wie geht es Ihnen, wenn Sie Ziele erreichen bzw. nicht erreichen?

• Nehmen Sie sich ein konkretes Ziel vor, bei dem Sie auf dem Weg dorthin konkret Lernerfahrungen sammeln, zum Beispiel: »Das hilft mir, um produktiv zu sein« oder »Diese Gedanken hemmen mich immer wieder« usw.

Mindful Business: Kommunikation

Sam erkennt, welche Auswirkungen Small Talk und Drohgebärden haben, wie er Co-Kreativität fördern und seine Mitarbeiter mit Ideen und Visionen wirklich erreichen kann.

Die entscheidende Führungskompetenz

Die Überlebensstrategien, die auch Sam angewendet hat, sind weitverbreitet in den Führungsetagen: Ängste schüren, keine Fragen stellen, im Gespräch Kontrolle ausüben. Wir wissen inzwischen, dass das nicht weiterhilft. Inhaltsleere Schönfärberei oder windelweicher Kuschelkurs auch nicht. Was dann? Das Ergebnis einer großen Metaanalyse des *Instituts für Führungskultur im digitalen Zeitalter (IFIDZ)* mit über 18 000 Befragten ist deutlich: Gerade im digitalen Zeitalter wird die Kommunikationsfähigkeit zur wichtigsten Führungskompetenz, gefolgt von einem echten Interesse an Menschen und Mitarbeiterorientierung.

Anderen auf Augenhöhe begegnen

Sein Team hat Sam rückgemeldet, dass er heute deutlich aufmerksamer und empathischer zuhört. Auch wenn ihm das nicht immer leichtfällt, bemüht er sich, andere nicht mehr so häufig zu unterbrechen und wirklich zuzuhören, anstatt nur darauf zu warten, bis er selbst wieder zu Wort kommt. Dadurch nimmt er auch kleine Gesten und Nebensätze eher wahr, und er beginnt, seine Mitarbeiterinnen und Mitarbeiter besser zu verstehen. Seit er sich in der Mitgefühlspraxis übt, fällt es ihm auch leichter, sich in andere einzufühlen und regelmäßig Wertschätzung auszudrücken. Wenn er Kritik übt, wägt Sam seine Worte vorher ab und versucht, auf einer sachlichen Ebene zu bleiben. Jemanden persönlich abzuwerten, widerstrebt ihm mittlerweile. Er reagiert weniger häufig impulsiv, und wenn doch einmal Ärger oder Unmut in ihm aufsteigen, dann spricht er dies offen an, ohne sofort in den Angriffsmodus überzugehen. Oder er bittet um eine kurze Pause, in der er durch ein paar tiefe, bewusste Atemzüge wieder in seine Mitte findet.

Erstaunlicherweise hat sich die Leistung seines Teams deutlich erhöht – ohne Druck und Drohgebärden von Sam.

Vier Ebenen von Gesprächsqualität

Wir arbeiten gerne mit dem Modell der »vier Ebenen des Zuhörens und der Kommunikation«, angelehnt an die Arbeit von Claus Otto Scharmer vom *MIT*. Die Grundideen des Modells sind für uns:

- Die erste Ebene ist die oberflächlichste, die vierte die tiefgehendste.
- Jede Ebene beinhaltet Vorteile und Chancen ebenso wie Nachteile und Risiken.
- Ob eine Ebene zielführend ist oder nicht, entscheidet sich immer an der Situation und daran, was erreicht werden soll. Oberflächliche Kommunikation ist nicht per se schlechter oder besser als tiefgründige.
- Wir können lernen, zwischen verschiedenen Ebenen bewusst hin- und herzuwechseln, und unseren Gesprächspartner einladen, mitzukommen.

	Sackgasse	Potenzial
Autopilot: unverbindlich	bemühter/gequälter Small Talk	beschwingter, belangloser Austausch
Kognition: objektivierend sachorientiert bereit zur Differenz/Konfrontation	verhärtete Debatte Schlagabtausch der Argumente recht behalten	Abgleich von Gedanken und Argumenten angeregter intellektueller Austausch effizientes, sachlogisches Prüfen der Faktenlage »Rausch der Nüchternheit«
Empathie/Mitgefühl: einfühlend beziehungsorientiert bereit zur Begegnung/Berührung	gemeinsam leiden Gefühlsduselei	gegenseitige Öffnung sich einfühlen (in sich selbst und den anderen) emotionales Verständnis füreinander
Wollen/Inspiration: inspiriert am Entstehenden orientiert bereit zur Transformation (selbst und System)	Schwelgen in Utopien	loslassen aller unwesentlichen Vorannahmen und Vorbedingungen sich einlassen auf das höchste Potenzial der gemeinsamen Situation

Vom Autopilot zur Co-Kreativität: Die vier Ebenen des Zuhörens und der Kommunikation

Lernen Sie nun mit uns die vier Ebenen etwas näher kennen:

Ebene 1: Der Autopilot

Die erste Ebene der Kommunikation nennt Otto Scharmer »Downloading«. Wer in diesem Modus erzählt, ist nicht wirklich an der Meinung des Gegenübers interessiert, sondern »lädt einfach herunter«, was ihm gerade durch den Kopf geht. Als Zuhörender möchte man sich nicht wirklich tiefer oder auf Neues einlassen, sondern schaltet eher auf Durchzug. Die Kommunikation bleibt unverbindlich und oberflächlich, ein echter Austausch findet nicht statt. Jeder möchte sich nur im Status quo bestätigt wissen und nichts riskieren. Small Talk ist ein perfektes Beispiel für diese Ebene.

Sam weiß, dass es zu seinem Job dazugehört, sich gelegentlich auf dieser Ebene zu bewegen. Erst neulich war er auf einer Firmenfeier und hat dort mit ein paar Kollegen aus anderen Bereichen locker geplaudert – über Sport, das Wetter und den nächsten Urlaub. Keiner hatte Lust oder einen Grund, etwas wirklich Persönliches zu erzählen oder sich zum hundertsten Mal über die bekannten Konfliktthemen zwischen zwei Bereichen auszulassen. Die Feier wäre auch nicht der richtige Ort dafür gewesen. Also blieb das Gespräch unverbindlich und belanglos, aber auch nett und ungezwungen. Am Ende der Veranstaltung ging Sam ein wenig beschwingt, aber auch ermüdet nach Hause.

Immer schön in der Komfortzone bleiben

Im Autopilot-Modus lautet die unausgesprochene Vereinbarung zwischen den Gesprächspartnern, dass man sich nicht wehtut und jeder in seiner Komfortzone bleiben darf. Weil wir auf dieser Ebene einigermaßen unbeschwert durch unseren Alltag kommen, verbringen wir hier auch einen Großteil unserer Zeit. Und das kann – wie bei der beschriebenen Firmenfeier – auch durchaus angebracht und angenehm sein.

Unangenehm wird es, wenn die Situation eine Schieflage bekommt. Sam hat einen Mitarbeiter namens Erik, den die Kollegen gerne als »Plaudertasche« bezeichnen. Alle finden ihn irgendwie recht amüsant und unterhaltsam, aber das Ergebnis seiner bevorzugten Form der Kommunikation ist doch oft, dass sein Gegenüber sich irgendwann innerlich verabschiedet oder tatsächlich das Weite sucht.

Etwas Neues entsteht in diesem Modus grundsätzlich nicht. Jeder der Beteiligten bleibt fest bei den Überzeugungen und Gewissheiten, die er auch schon vor dem Gespräch hatte. Wenn es auf der ersten Ebene einmal still wird, dann ist das Schweigen vor allem eines – peinlich. Auf einmal wird deutlich, wie wenig man sich zu sagen hat.

Ebene 2: Objektivierendes Zuhören

Wenn das unverbindliche Geplauder beendet wird und es stattdessen um rationale Argumente, um Zahlen, Daten und Fakten geht, dann befinden wir uns auf Ebene 2. Das Gespräch wird nun ernster und sachlicher. Es gilt, Standpunkte zu erläutern, Entscheidungen zu treffen, Lösungen zu finden, Konflikte zu klären und miteinander zu verhandeln. Sehr oft geht es auch darum, recht zu haben oder in »wahr« und »falsch« zu unterscheiden. Der Small Talk ist vorbei: Wir befinden uns in einem klassischen Business-Meeting.

Projekt-Meetings laufen häufig auf dieser Ebene ab: Zunächst wird geprüft, ob die To-dos vom letzten Mal abgearbeitet wurden. Wurde etwas nicht erledigt, lautet die nächste Frage: Wer ist schuld? Häufig gibt es eine Art Kreuzverhör und jede Menge Rechtfertigungen. Und wenn nicht sofort deutlich ist, wer die Schuld trägt, folgen endlose Debatten, bei denen natürlich jeder recht haben möchte.

Jetzt ist es auch vorbei mit den Komfortzonen. Beide Seiten scharren mit den Hufen und planen das nächste Manöver, um den anderen im Wettstreit der Argumente zu übertrumpfen. Stille fühlt sich jetzt nicht mehr peinlich an, sondern eher angespannt.

Selbstbewusst Position beziehen

Sam ist klar, dass es oft notwendig und sinnvoll ist, sich auf dieser Ebene zu bewegen, auch wenn er verstanden hat, dass hier nicht viel Neues entsteht. Er hat gute Techniken entwickelt, um rasch auf Ebene 2 zu gelangen und, wenn nötig, auch hier zu bleiben – selbst wenn Erik mit seinen Witzchen gerne das gesamte Team ablenkt, sobald ernsthafte Themen auf der Agenda stehen.
Sam versteht inzwischen auch, warum die anderen im Team die Ablenkung durch Erik gerne nutzen, um wieder in die ungefährliche, belanglose Small-Talk-Zone zurückzurudern: Wer auf Ebene 2 wechselt, braucht zumindest Vertrauen in die eigene Position und in die eigenen Argumente. Das Thema muss ihm außerdem ausreichend wichtig sein, um dafür in den Ring zu steigen. Kein Wunder also, dass viele im Team dazu tendieren, Frohnatur Erik zurück auf Ebene 1 zu folgen, um Druck aus der Situation zu nehmen.

Das geht übrigens nicht nur durch Ablenkung und Lachen, sondern auch durch Kleinbeigeben: »Ja ja, okay, wenn du meinst, dann probieren wir das einfach mal so.« Sam weiß heute, dass das häufig Lippenbekenntnisse sind, denen wenig Umsetzungsqualität folgt.
Ein Problem, mit dem auch Oliver, Sams Kollege, konfrontiert ist: Olivers Intelligenz und Fachkompetenz sind beeindruckend, seine Dominanz ist gefürchtet. In seinem Team macht definitiv niemand Witzchen. Wenn er auf Ebene 2 argumentiert, bemühen sich alle, ihm zu folgen. Letztendlich ducken sich zu Olivers Frustration aber doch alle weg, anstatt wie gefordert neue innovative Ideen einzubringen oder wenigstens seine Ideen wirklich mitzutragen.

Effektiv, aber nicht kreativ

Der Wettstreit der intellektuellen Ideen auf Ebene 2 kann aber auch spannend und konstruktiv sein. Sams Team kommuniziert weiterhin häufig auf dieser Ebene – und tut dies inzwischen viel bewusster. Auch am nüchternen und effizienten Abklären einer Situation in einem Status-Meeting können manche ihre Freude haben. Wenn das Team allerdings hier nicht mehr weiterkommt, wechselt es nicht mehr zurück auf Ebene 1, sondern geht einen Level tiefer. Und das ist definitiv neu.

Ebene 3: Empathischer Dialog

Inzwischen erschließt sich Ihnen der folgende Zusammenhang: Wenn unser System stark unter Stress steht und die Amygdala vielleicht sogar »nervös« wird, dann sind wir schnell abgeschnitten von wichtigen Kompetenzzentren unseres Systems. Nun, genau das geschieht häufig auch in verhärteten Debatten. Kein Wunder, dass man dann nicht mehr weiterkommt. Äußerlich wie innerlich prallen die Fronten aufeinander. Wir können unsere Fähigkeiten gar nicht ideal abrufen. Die Verbindungen zwischen den Systemen sind entkoppelt.

Was tun also Sam und seine Teammitglieder, um ihre Problemlösungskompetenz wieder in Schwung zu bringen, wenn sich eine verfahrene Situation in einem Meeting ergibt oder die dringend gesuchte Lösung nicht auftaucht? Richtig: Sie aktivieren ihren präfrontalen Kortex, und zwar über ihr sensorisches System.

Den Kontakt wieder aufnehmen

Wie Sie ebenfalls schon wissen, hängen Selbstempathie und Empathie neurologisch eng zusammen. Auf Ebene 3 geht es also darum, den Kampf im Großhirn, wer denn nun recht hat und gescheiter ist oder wie etwas genau zu sein hat, loszulassen und sich dem sensorischen System zuzuwenden. Wie geht es mir eigentlich jetzt gerade als ganzer Mensch? Und wie geht es meinem Gegenüber? Wie fühlt sich die Situation wohl für ihn an? Wie sieht seine Perspektive auf die Dinge aus? Welche Sorgen, Nöte, Hoffnungen nehme ich wahr? Und welche Körperwahrnehmungen tauchen dabei auf?

Diese Neuorientierung entspannt ein Gespräch oft schlagartig. Die Technik des Mindful Time-out (siehe Kapitel »Mindful Business: Meetings«) kann in dieser Situation sehr hilfreich sein.

Wenn Sam also nun bemerkt, dass es Zeit wird, eine Ebene tiefer zu gehen, dann macht er zunächst für sich selbst eine kleine Achtsamkeitsübung, um mit sich in Kontakt zu kommen. Dann adressiert er die Ebene der Emotionen, Körperwahrnehmungen und Bedürfnisse bei den anderen. Zum Beispiel indem er etwas sagt wie:

»Ich weiß nicht, wie es euch gerade geht, aber ich merke, dass ich müde und gleichzeitig ziemlich ärgerlich bin.« (Er spricht also seine eigenen Gefühle an.)

»Ich hätte mir gewünscht, dass bei diesem Thema schnell alle begeistert dabei sind, und jetzt merke ich, dass es ganz unterschiedliche Perspektiven darauf gibt.« (Hier macht er seine Erwartungen transparent.)

»Das ist okay, und es ist wichtig, dass wir diese unterschiedlichen Perspektiven klären. Dazu nehmen wir uns auch die Zeit.« (Damit gibt Sam einen sicheren Rahmen.)

»Ich habe den Eindruck, dass dir, Lena, das Ganze auch ein großes Anliegen ist, und frage mich, wie es dir gerade geht?« (Zuletzt folgt die Einladung an die anderen, von ihren Gefühlen zu sprechen – ohne ihnen eine Interpretation unterzuschieben.)

Es geht dabei nicht so sehr um bestimmte Formulierungen, sondern darum, dass Sam das Innehalten und die bewusste Fokussierung aufs Fühlen innerlich in ein völlig anderes Fahrwasser bringen. Ärger und Anspannung können sich wieder lösen. Durch die Reaktivierung des präfrontalen Kortex können sich das kognitive und das somatische System wieder synchronisieren – und das ist auch für die Umgebung wahrnehmbar. Nun rückt häufig der Kampf ums Rechthaben in den Hintergrund, und es ist nicht mehr zwingend notwendig, an bestimmten Ergebnissen festzuhalten. Im Idealfall entsteht Vertrauen in den gemeinsamen Prozess.

Verletzlichkeit ist eine Stärke

Sam ist dieser neuen Strategie zunächst mit großer Skepsis begegnet. Würde er sich durch diese Offenheit nicht auch angreifbarer machen? Sich auf dieses neue Terrain vorzuwagen, fiel ihm nicht leicht. Doch er konnte recht schnell spüren, dass in dieser Form der Kommunikation auch ein Schlüssel zu jener Authentizität und Souveränität liegt, die ihm im üblichen Hickhack auf Ebene 2 oft verloren gegangen waren.

Leicht fällt ihm der Wechsel auf Ebene 3 noch immer nicht. Sam hat gelernt, dass es dafür einen wirklich sicheren Rahmen braucht. Nicht in jeder Umgebung und mit jedem Gesprächspartner würde er den ersten Schritt dorthin gehen. Doch mit zunehmender Übung und Achtsamkeitspraxis gelingt es ihm immer öfter, sich zu öffnen – auch in der Gegenwart von Menschen, bei denen er das früher für völlig ausgeschlossen gehalten hätte.

Den Konflikt mit einem Mitarbeiter, mit dem er früher ständig Schwierigkeiten hatte, konnte Sam so endlich lösen. Es hat ihm die Augen geöfffnet, sich einmal bewusst vor einem Gespräch empathisch in ihn hineinzuversetzen, sich für seine Perspektive zu öffnen. Plötzlich konnte er nachvollziehen, warum dieser so und nicht anders argumentierte und sich sofort verhärtete, wenn Sam ihn mit seinen zahlreichen Gegenargumenten konfrontierte. Es hat ihn viel Überwindung gekostet, auf diesen »Störenfried« offen zuzugehen. Doch es hat sich sehr gelohnt: Bereits nach kurzer Zeit ließ sein Mitarbeiter sich auf diese neue Form des Dialogs ein, öffnete sich ebenfalls, und es konnte ein stimmiger Kompromiss gefunden werden.

Ebene 4: Co-kreativer Dialog

»Presencing« nennt Otto Scharmer diese Ebene. Das ist eine Wortschöpfung, die bedeutet, ganz präsent zu werden, sich ganz auf den gegenwärtigen Moment einzulassen. Was das neurobiologisch bedeutet, haben wir im Kapitel »Sich und andere besser verstehen: das Salzburger Achtsamkeitsmodell« bereits erfahren. Vielleicht haben Sie eine solche Situation auch schon mal erlebt, wenn Sie mit einem vertrauten Menschen in einen gemeinsamen kreativen »Rausch« gekommen sind. Ein Wort ergibt das andere, man gestaltet gemeinsam eine Idee, die vorher noch nicht da war und die man alleine so nie hätte entwickeln können. Dies sind Sternstunden der Co-Kreativität, und doch können wir durch Weiterentwicklung unserer eigenen Praxis zumindest Rahmenbedingungen schaffen, um diese Art der Kommunikation zu ermöglichen.

» Für die Ergebnisse unserer Kommunikation ist entscheidend, in welcher Qualität / auf welcher Bewusstseinsebene wir kommunizieren.

» Otto Scharmer unterscheidet vier Ebenen der Kommunikation, je nachdem, ob der Autopilot dominiert, das Denken (kognitives System), das Fühlen (sensorisches System) oder das Wollen (somatisches System). ✗

» Je nach Anforderung und Situation sind unterschiedliche Ebenen zielführend. Wenn wir diese Qualität genauer wahrnehmen, können wir wesentlich bewusster und effizienter kommunizieren.

Reflexionsfragen

- Auf welcher Ebene kommunizieren Sie in Ihrer Arbeit meistens?
- Auf welcher Ebene am seltensten?
- Wann haben Sie das letzte Mal auf Ebene 3 kommuniziert? Was war Ihre Erfahrung damit?
- Wann haben Sie das letzte Mal auf Ebene 4 kommuniziert? Was war Ihre Erfahrung damit?

✗ in Einklang bringen

Mindful Business: Meetings

Sam hat gefühlte Jahre seines Lebens in unproduktiven Meetings ver-
bracht: Es wurde herumgeredet, wiederholt, was die Kollegen gesagt
haben, und der Verantwortliche, der am Ende alles entscheidet, fehlt.
Umso größer ist seine Erleichterung, als er feststellt, dass Meeting-Frust
nicht sein muss. Er lernt, wie er mit Tools wie »Time-Boxing«, »Mind-
ful Check-in« oder der »Zwei-Pizza-Regel« diese Treffen nicht nur
produktiver gestalten kann, sondern so, dass sie sogar Spaß machen.

Viel besprochen, wenig gestaltet

US-amerikanische Wirtschafts-
psychologen um Steven Rogel-
berg veröffentlichten vor Kurzem im Fachmagazin *European
Journal of Work and Organizatio-
nal Psychology,* dass mehr als ein
Drittel (37 Prozent) der täglich
insgesamt elf Millionen Meetings

»Wichtige« Menschen werden natürlich
überall gebraucht, nicht nur im Hier und
Jetzt des aktuellen Meetings.

in den USA nicht pünktlich beginnen und dadurch jedes Jahr
Arbeitszeit im Wert von 37 Milliarden US-Dollar verschwendet
wird. Laut einer Untersuchung des Softwareanbieters Clarizen
verlieren Beschäftigte weltweit im Schnitt 4,5 Stunden pro Woche
durch Meetings, die für sie eigentlich nicht relevant sind.

Mindful Check-in

Sam betritt den Raum, und die anderen spüren seine Präsenz.
Er beginnt das Meeting mit einem bewussten Moment der Stille.
20, vielleicht 30 Sekunden. Seine Leute kennen das mittlerweile. Als er zum ersten Mal mit der Idee kam, waren nicht alle
begeistert. Sie haben vereinbart, dass sie den neuen Einstieg ge-

meinsam bei den nächsten drei Meetings ausprobieren und dann entscheiden, ob sie weitermachen wollen. Auch die Skeptiker waren danach überzeugt, weil dieses Tool es ermöglicht, dass alle nicht nur physisch, sondern auch geistig ankommen.

Nach der Stille startet Sam mit einer kurzen Runde: »Auf einer Skala von null bis hundert Prozent: Wie sehr bin ich gerade anwesend und warum?« Das lädt alle Beteiligten ein, sich kurz ihrer eigenen Präsenz bewusst zu werden. Sam legt Wert darauf, dass auch niedrige Prozentwerte in Ordnung sind. Heute geht er mit gutem Beispiel voran: »Bei mir sind es jetzt so ungefähr 60 Prozent. Ich bin gestern später als geplant von einer Dienstreise zurückgekommen, und der Schlafmangel macht mir zu schaffen. Es ist auch noch ein gewisser Ärger vom letzten Meeting da. Natürlich tu ich trotzdem jetzt mein Bestes, so gut beizutragen, wie es mir möglich ist.«

Er ist immer wieder verblüfft von der Wirkung dieses Einstiegs. Er hilft ihm, sich selbst und die anderen in der Runde bewusster wahrzunehmen. Allein dadurch steigen die Präsenz und ein gewisses Gefühl von Verbundenheit im Raum. Belastendes und Erfreuliches kann kurz angesprochen werden, ohne dass es ausufernd wird, aber eben auch, ohne es ausblenden zu müssen. Auch wenn er selbst nur Teilnehmer ist, wendet Sam diesen Präsenz-Check vor einem Meeting an und fragt sich innerlich, zu wie viel Prozent er heute da ist.

Seine Kollegin Andrea hat Sam neulich erzählt, dass sie

Präsenz-Check als
Einstieg in Meetings

ein akustisches Hilfsmittel verwendet: Sie hat zwei Gläser auf dem Besprechungstisch stehen, die lang und angenehm nachklingen, wenn man sie zusammenstößt. Die Teilnehmenden an ihren Meetings schließen ihre Augen und lauschen dem Klang. Jeder hebt die Hand, sobald er ihn nicht mehr hören kann. Das hat den Effekt, dass alle für die Dauer des Klangs ganz bewusst und aufmerksam bei ihrer Sinneswahrnehmung im »Hier und Jetzt« verweilen. Ein Schub Integration im neurophysiologischen Setup. Danach kann das Meeting wirklich losgehen.

Sich einstimmen

Bei der Terminvereinbarung stellt Sam nun sicher, dass 15 Minuten Abstand zu seinem vorhergehenden Meeting eingeplant sind. Seine Teilnahme an einer anderen Besprechung am heutigen Tag hat er am Montag abgesagt: Im Rahmen seiner Kalenderreflexion war ihm deutlich geworden, dass seine Anwesenheit dort keinen wesentlichen Unterschied gemacht hätte. Er hat nach einer kurzen Abstimmung mit der Leiterin und einem Kollegen diesem Kollegen seine Agenden übertragen.

Zehn Minuten vor dem Meeting hat sich Sam darauf eingestimmt, wen er jetzt treffen wird, worin seine Beiträge zu den einzelnen Agenda-Punkten bestehen und was seine Ausrichtung für das gemeinsame Ergebnis ist. Er hat sich zwei Minuten Zeit genommen für achtsames Atmen.

Time-Boxing

Neben der Qualität, mit der alle an den Meetings teilnehmen, ist auch die Gestaltung des Treffens wichtig. Dazu gehört Klarheit hinsichtlich Ziel und Agenda ebenso wie eine Zeitplanung der einzelnen Themen. Sam geht die Zeitplanung gerne mit folgenden Fragen durch: »Wie lange haben wir Zeit? Wie viel Zeit nehmen wir für das

Thema? Wer achtet auf das Zeitmanagement (Time-Keeper)? « Vor Ablauf des Zeitbudgets pro Thema gibt der Time-Keeper einen kurzen Hinweis. Eine große Uhr im Besprechungsraum erleichtert seine Aufgabe. Der Hinweis gibt dem Team die Gelegenheit, das Thema abzuschließen und das weitere Vorgehen festzulegen. Ein Überziehen der geplanten Zeit passiert nicht automatisch, sondern erfordert eine bewusste gemeinsame Entscheidung. Mehr als fünf Minuten wird grundsätzlich nicht überzogen.

Sam weiß von anderen Führungskräften, dass sie Standard-Meetings vor großen Metaplan-Wänden abhalten. Alle wichtigen Agenda-Punkte sind darauf notiert, und das Team geht im wahrsten Sinne des Wortes Schritt für Schritt weiter, um die einzelnen Punkte zu besprechen. Dabei entsteht neben körperlicher auch geistige Bewegung, und ausufernde Diskussionen fallen automatisch weg.

Leitplanken einer Meeting-Kultur

Für Meetings, die Sam leitet, hat er mit seinem Team ein paar Punkte gesammelt, die seinen Meetings seither eine ganz neue Qualität ermöglichen:

1. Präsenz: Für das Team bedeutet das pünktlich zu sein, die Smartphones auf lautlos zu stellen, Laptops auszuschalten und mit der ganzen Aufmerksamkeit bei dem Thema zu sein, um das es gerade geht: gedanklich und körperlich.
2. »Zwei-Pizza-Regel«: Um Entscheidungen noch möglich zu machen, dürfen nicht zu viele Personen an einem Meeting teilnehmen. Der Amazon-Chef Jeff Bezos hat dafür die sogenannte »Zwei-Pizza-Regel« erfunden. Sie besagt: Lade nie mehr Mitarbeiter zu einem Meeting ein, als du mit zwei Pizzen satt kriegen kannst.
3. Respekt vor den Menschen: Früher gab es in der Hitze des Gefechts immer wieder einmal abfällige Bemerkungen übereinander, über die zwar vordergründig oft gelacht wurde, die

das Vertrauen untereinander aber trotzdem untergraben haben. Das ist heute ein absolutes No-Go. Wenn einmal ein Übergriff oder eine unpassende Bemerkung passiert, wird das sofort im Team geklärt. Das heißt nicht, dass die Runde humorlos geworden wäre. Im Gegenteil: Dadurch, dass niemand mehr Angst haben muss, niedergemacht zu werden, ist die Stimmung meist inspiriert und unbeschwert. Diese psychologische Sicherheit ist es übrigens auch, die Spitzenleistung in Teams ermöglicht, wie der Unternehmensberater Frederic Laloux in seinem Buch *Reinventing Organisations* aufzeigt.

4. Sich nicht vor heißen Themen drücken: Gerade Unangenehmes wird in Sams Team rasch, unkompliziert und damit immer öfter auch rechtzeitig angesprochen. Natürlich hat das auch mit Sams neuem Führungsstil zu tun: Zum einen, weil er es immer wieder positiv hervorhebt, wenn jemand unangenehme Nachrichten konstruktiv, aber bestimmt in die Runde bringt. Zum anderen fällt es Sam durch seine Achtsamkeitspraxis auch tatsächlich leichter, Unangenehmem weniger wertend und mit mehr Gelassenheit und Neugier zu begegnen.

Andere Teams haben andere Grundregeln. Aber es lohnt sich, ein paar wenige Referenzpunkte (nicht mehr als drei!) sichtbar im Raum hängen zu haben und regelmäßig darauf zurückzukommen.

Wenn es verfahren wird (1): Zustandsbeschreibung

Wenn Sam den Eindruck hatte, dass ein Meeting unproduktiv wurde, sich im Kreis drehte oder einfach die Luft raus war, griff er früher gern zu Ermahnungen und Durchhalteparolen: »Erik, Handy aus!« (obwohl er selbst und andere auch ständig das Smartphone verwendet hatten) und »Leute, Vollgas bitte! Da müssen wir durch!«.

Durch seine Achtsamkeitspraxis hat er gelernt, dass es in der Regel reicht, die Wahrnehmung (also das sensorische System) zu aktivieren, damit Denken und Wollen leichter wieder zueinanderfinden.

In diesem Sinne beschreibt er heute seelenruhig und mit neutraler Stimme, was gerade so vorgeht. Beispielsweise so:

»Wir haben uns heute getroffen, um uns zu beraten, ob wir beim Projekt ›Streamline‹ ins Rennen gehen wollen oder nicht. Nun sprechen seit rund zehn Minuten noch drei Menschen über dieses Thema. Zwei haben sich seit dem Check-in nicht mehr zu Wort gemeldet. Zwei weitere führen eine Flüster-Unterhaltung, in die die anderen nicht eingebunden sind. Ein Mensch kritzelt auf den Block, und einer schaut aus dem Fenster.«

Sam ermahnt niemanden und macht keine Vorwürfe. Er spricht Inhalte, Meinungen und Dynamiken an, aber keine Namen. Er hält der Gruppe unaufgeregt einen Spiegel vor, was läuft. Diese erhöhte Aufmerksamkeit hilft ihr, aus dem Autopiloten auszusteigen und wieder in einen bewussten Modus zu wechseln.

Wenn Sam danach noch ein wenig wartet, greift meist jemand auf, was gerade los ist. Zum Beispiel: »Ich habe den Eindruck, alle finden ›Streamline‹ grundsätzlich gut und wichtig. Aber wir haben nur dann eine Chance, wenn Mia und Axel ihre Differenzen im Projektmanagement klären. Das ist ein heißes Eisen, das niemand angreifen will.« Oder auch nur: »Wir haben jetzt zwei Stunden durchgepowert. Ich finde das Thema wichtig, aber wäre froh über eine kurze Pause.«

Statt weiterhin zu verdrängen, was unausgesprochen ohnehin in der Luft liegt, kann es an die Oberfläche kommen, und die Gruppe findet eine Lösung, wie es weitergeht. Agenda und Aufmerksamkeit kommen wieder in Übereinstimmung.

Wenn es verfahren wird (2): Mindful Time-out

In Sams Team ist es früher immer wieder zu hitzigen Debatten gekommen, die irgendwann nur noch unproduktiv und nervig waren. Sams Reaktion darauf bestand dann darin, die Debatte abzuwürgen. Er als Chef entschied aus dem Bauch heraus für eine der Möglichkeiten. Der Effekt war, dass eine der beiden Parteien triumphierte, die andere Partei sauer aus dem Meeting ging.

Sam geht heute mit solchen Diskussionen anders um. Wenn die Situation verhakt scheint, gönnt er sich und der Runde gern ein »Time-out«: »Ich habe den Eindruck, dass wir gerade an einem wichtigen Punkt stehen und eine neue Perspektive brauchen, damit wir weiterkommen.« Es folgt ein Moment der Stille, der allen die Möglichkeit gibt, tief durchzuatmen. Es folgt eine kurze Runde zur Frage »Wie geht es mir jetzt?«. Das ermöglicht Raum für neue Perspektiven, Lösungen und Ressourcen, die bisher nicht im Blick waren.

Wenn es verfahren wird (3):
Mindful Check-out mit »Wetterbericht«

Wenn alles Inhaltliche für den weiteren Prozess geklärt ist, schließt Sam gerne mit einer Runde »Wetterbericht«: »Nach anfänglich trüben Aussichten und zwischenzeitlichem Gewitter jetzt wieder Sonnenstrahlen und ein unerwarteter Regenbogen«, lautet Annes Fazit zum heutigen Austausch. »Ja, Sonne, aber noch ein paar Wolken«, ergänzt Klaus. »Sonne, Wolken und ein frischer, warmer Wind«, schließt Eva-Maria.

Damit kommt die emotionale Ebene noch einmal ins gemeinsame Bewusstsein und kann offen thematisiert werden, ohne dass es zum Abschluss zu persönlich wird oder »neue Fässer« geöffnet würden.

Sam nimmt sich die Zeit, sich von allen mit Handschlag und einem bewussten Blickkontakt zu verabschieden.

Key Messages

 » Die Produktivitätskiller Nr. 1 in Meetings sind gleichermaßen geistige Abwesenheit und fehlende psychologische Sicherheit.

 » Das Meeting beginnt schon bei der innerlichen und äußerlichen Vorbereitung.

» Ein »Präsenz-Check« und ein »Mindful Check-out« zu Beginn und am Ende helfen, dass es in Meetings zu guten Ergebnissen kommt.

» Meeting-Helfer wie das »Time-Boxing« oder die »Zwei-Pizza-Regel« sowie grundlegende Vereinbarungen zur Zusammenarbeit stellen sicher, dass das Meeting einen guten Boden für Präsenz und Produktivität bietet.

Reflexionsfragen

- Wie gehen Sie mit Ihren eigenen Ressourcen in Meetings um?
- Welche der vorgestellten Instrumente erscheinen Ihnen hilfreich, um zu einer produktiven Meeting-Kultur beizutragen?
- Welches wollen Sie ganz konkret einmal ausprobieren? Wann?
- Wie bereiten Sie sich darauf vor?

Mindful Business: Entscheidungen

In Sams Führungsarbeit nehmen Entscheidungen einen großen Platz ein – er lernt, warum er sich bei Entscheidungen bisher oft unwohl fühlte und wie er sie effizient und seiner inneren Ausrichtung entsprechend treffen kann.

»Versenkte-Kosten-Trugschluss«

Sam hielt oft an Entscheidungen fest, die er vor Jahren getroffen hatte, obwohl sich die Anzeichen mehrten, dass die Lösung nicht tragfähig war. Das lag vor allem daran, dass er nun schon so viel Zeit und Ressourcen in diesen Ansatz investiert hatte. Zu viel, um die Entscheidung nun rückgängig zu machen. Genau das definiert die Wissenschaft als »Versenkte-Kosten-Trugschluss« *(Sunk-Cost-Fallacy)*.

Psychologen haben diesen Effekt experimentell vielfach untersucht: Wir tendieren dazu, die in der Vergangenheit investierten Kosten und Mühen als Maßstab für eine Entscheidung in der Gegenwart zu nehmen. Wir wägen nicht rational zwischen Handlungsoptionen ab, sondern nehmen die Investitionen der Vergangenheit als Begründung für das Weitermachen. Das führt dazu, dass wir einen eingeschlagenen Weg tendenziell weiterverfolgen, wenn wir bereits Zeit, Geld oder Anstrengung in ihn investiert haben – und das, obwohl wir feststellen, dass dieser Weg offensichtlich in die Irre führt.

So können wir zum Beispiel eines Tages bemerken, dass unser jetziger Job nicht der richtige für uns ist. Wir kümmern uns jedoch nicht um einen neuen Arbeitsplatz oder drücken gar noch einmal die Schulbank, da das Erreichen unserer heutigen Position schon viel Zeit und Anstrengung gekostet hat *(= Sunk Cost)*.

Diese Herausforderung kennt auch Sam. So hatte er vor drei Jahren eine Mitarbeiterin eingestellt, bei der schon im Vorstellungsgespräch klar war, dass sie eine fundamental andere Wertebasis vertrat, als sie in seinem Team herrschte. Da ihre Referenzen jedoch exzellent gewesen waren und eine Empfehlung eines befreundeten Abteilungsleiters vorlag, stellte Sam sie trotz seiner Bedenken ein. Nach zahlreichen kostspieligen Weiterbildungsprogrammen hat sich an den fundamentalen Differenzen nichts geändert. Doch anstatt eine Trennung in Erwägung zu ziehen, hält Sam an der konfliktreichen Konstellation fest. Er hat schon viel Zeit und Budget in diese Mitarbeiterin investiert, was in seinen Augen eine Korrektur seiner Entscheidung unmöglich macht. Er verdrängt das ungute Gefühl und versucht die inneren Signale dazu wegzudrücken.

Psst – unser kognitives System ist begrenzter, als es denkt

Diesen »Sunk-Cost-Bias« hat Andrew Hafenbrack[49] vom *Department of Organisational Behaviour* an der *INSEAD* untersucht. Er kostet Unternehmen weltweit Milliarden. Dabei handelt es sich nur um einen von unzähligen systematischen Entscheidungsfehlern, die in unserem kognitiven System vorprogrammiert sind. Es gibt dann noch den »Backfire-Effekt«: Wir neigen dazu, Fakten zu ignorieren, wenn Sie unserer eigenen Überzeugung widersprechen. Oder den »Halo-Effekt«: Wenn wir von einer Person eine gute Meinung haben, trauen wir ihr auch viel leichter andere Fähigkeiten zu, die sie möglicherweise gar nicht hat. Und natürlich genau umgekehrt bei Menschen, die bei uns weniger hoch im Kurs stehen. Oder den »Dunning-Kruger-Effekt«: Je inkompetenter wir in einem Themenbereich sind, desto eher unterschätzen wir die Expertise und Fähigkeit echter Profis in diesem Feld.

Und so gibt es 30 bis 40 weitere, gut erforschte Trugschlüsse, denen wir regelmäßig auf den Leim gehen.

Und der beste von allen: der »Bias Blind Spot«: Unser kognitives System hält sich für unbeeinflusst von all diesen Faktoren und unserer Umwelt – und natürlich auch für unbeeinflusst von all den verdrängten und damit unbewussten Sehnsüchten, Ängsten und Impulsen aus dem somatischen System. So viel zu unserem Neokortex als größenwahnsinnigem Projektmanager … (siehe das Kapitel »Aus dem Alltag einer Führungskraft«).

Achtsamkeit hilft, Entscheidungen umsichtiger zu treffen und leichter zu korrigieren

Andrew Hafenbrack stellte nun fest, dass Achtsamkeitstraining hilft, das Sunk-Cost-Dilemma zu erkennen und aufzulösen. Mit mehr Achtsamkeit fällt es uns also signifikant leichter, eine Entscheidung zu korrigieren, obwohl man bereits investiert hat.

Das hat auch Sam bemerkt: Achtsamkeit fördert sein Bewusstsein darüber, wie die Situation jetzt gerade ist. Das verhilft nachweislich zu umsichtigeren, weniger verzerrten Entscheidungen. Die Studie zeigt, dass wir uns ohne Achtsamkeit auch in Entscheidungssituationen oft in einer Art »Autopilot« bewegen.

Wie das ein Autopilot so an sich hat, läuft dieser Modus unbewusst. Sobald wir es immer wieder schaffen, vom unbewussten Autopilot-Modus in den bewussten Modus zu wechseln, also auf den Fahrersitz unseres Lebens zurückzukehren und bewusst zu steuern, können wir auch Entscheidungen wieder proaktiv treffen. So geht es auch Sam, der sich – nachdem ihm die Situation bewusst wurde – von der Mitarbeiterin getrennt hat. Gerade letzte Woche hat er erfahren, dass die Kündigung zwar eine Krise bei ihr auslöste, sie aber heute einen Arbeitsplatz gefunden hat, der ihr viel mehr entspricht.

Drei Schritte zur Entscheidung

Sam weiß heute, dass es für eine richtige Entscheidung mehr braucht als die bloße Sammlung von Informationen, und nutzt dazu eine Methode in Anlehnung an das Modell der dynamischen Urteilsbildung nach Lex Bos[50]. Fundierte und durchdachte

Entscheidungen kommen in Form von mehreren Phasen zustande. Damit er sich nicht im Detail verliert, setzt er sich ein Zeitziel pro Phase, zum Beispiel zwei oder zehn Minuten.

Wenn eine Entscheidung ansteht (etwa bezüglich der Arbeitsaufteilung zwischen seinem Team und einem anderen Fachbereich der Organisation), stellt er sich die Frage: »Warum ist die Situation so?« Er merkt, dass die Fragen hilfreicher für ihn sind als die früheren, ausufernden Problemdarstellungen.

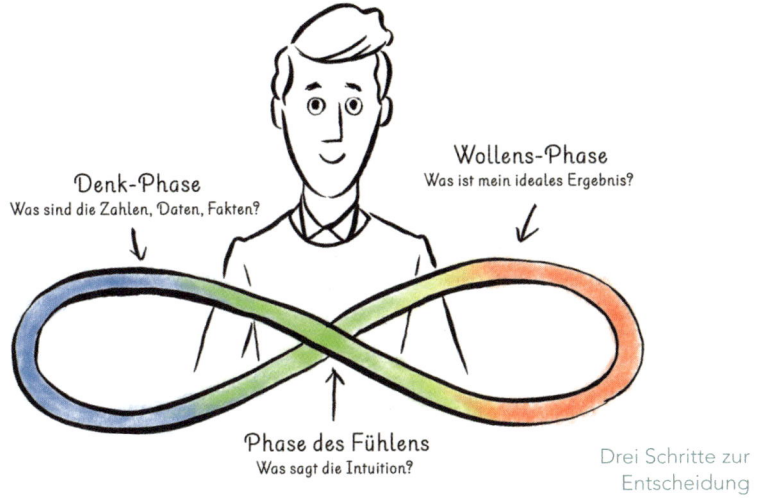

Drei Schritte zur Entscheidung

Schritt 1: Die Denk-Phase. Zahlen, Daten, Fakten

In der Phase des Denkens versucht Sam, die Ist-Situation sachlich zu beschreiben. Er verwendet für sich die Leitfrage: »Welche Erkenntnisse und Fakten brauche ich, um zu einem Urteil zu kommen?«

Er sammelt Zahlen, Daten und Fakten. Es zeichnet sich ein immer klareres Bild der aktuellen Situation ab.

Schritt 2: Die Wollens-Phase. Was ist das Ideal?

Die Ziele geht Sam in der Phase des Wollens an. »Wie soll die Situation idealerweise aussehen, und was braucht es dafür?«, fragt Sam.

Er erarbeitet dann den Idealzustand der Situation. Bevor es zu sehr ins Detail geht, fasst Sam die Handlungsmöglichkeiten zusammen und läutet den Entscheidungszeitpunkt ein. Am Ende der Entscheidung fällt seine Wahl auf eine der erarbeiteten Möglichkeiten.)

Schritt 3: Die Phase des Fühlens: Die eigene Intuition wahrnehmen

Wir erinnern uns: Das Fühlen ist die Instanz, die Denken und Wollen verbindet – oder auf Unstimmigkeiten zwischen den beiden Ebenen hinweist. Sam stellt sich die Frage: »Wie fühlt sich die Entscheidung an? Was sagt meine Intuition dazu?«

Wenn sich etwas nicht stimmig anfühlt, bleibt Sam dran. Er geht dem Gefühl der Unstimmigkeit nach und stellt Fragen, die ihm auf den Grund gehen. Zum Beispiel: »Was bräuchte es noch, damit es stimmig wird?« Er macht jedes Mal wieder die Erfahrung, dass diese Fragen den ganzen Entscheidungsprozess anreichern. Manchmal entsteht daraus eine ganz neue und wichtige Perspektive.

Die *Dynamische Urteilsbildung* ist in ihrer ursprünglichen Form übrigens um einiges differenzierter als die hier dargestellte Kurzversion. Für alle, die sich intensiver mit dem Thema Entscheiden auseinandersetzen wollen, lohnt sie sich bestimmt.

Mit dem inneren »80:20-Prinzip« zu mehr Entscheidungsfreude

Für Sam ist es eine große Erkenntnis, dass das Einfühlen in die Situation so fundamentale Veränderungen bewirken kann. Zusammen mit dem Wahrnehmen von Körperempfindungen und Impulsen sieht er die Gefühle inzwischen als den Schlüssel für wirklich tragfähige Entscheidungen. Seitdem hört er genau auf das, was sein Bauchgefühl ihm rückmeldet. Zu Beginn war das gar nicht so einfach.

Inzwischen kann er von sich sagen, dass er privat wie auch beruflich viel entscheidungsfreudiger geworden ist. Und er steht heute hinter den Entscheidungen, die er trifft. Sie fühlen sich stimmig an, weil alle Mitspieler aus seinem inneren Team jetzt auch zur Sprache kommen. Keine Stimme wird niedergebügelt oder übergangen. Er hat sich auch schrittweise von dem Anspruch verabschiedet, dass sich immer alles zu 100 Prozent stimmig anfühlen muss. Ganz nach dem Pareto-Prinzip hat er sich damit versöhnt, dass 80 Prozent Stimmigkeit für ihn genug sind. Er sagt das dann auch ganz offen: »Ich bin jetzt zwar nicht euphorisch, habe aber keinen groben Einwand. Machen wir es so.«

Micro-Practice: **Intuitions-Check**

Wenn Sie das nächste Mal vor einer Entscheidung stehen, nehmen Sie sich eine Minute Zeit. Nehmen Sie ein paar tiefe Atemzüge und lassen Ihre Körperempfindungen und Ihre Intuition zu Wort kommen. Was hält Ihre innere Stimme von der Entscheidung?

Key Messages

» Der »Versenkte-Kosten-Trugschluss« und andere vorprogrammierte Kurzschlüsse in unserem kognitiven System tragen dazu bei, dass wir im Autopilot-Modus suboptimale Entscheidungen treffen.

» Dazu kommt die Unzahl unreflektierter Muster und Impulse aus unserem somatischen System. In einem Zustand von Stress und Dissoziation wird das Ganze noch wesentlich schlimmer.

» Achtsamkeit hilft uns, die gegenwärtige Situation weniger verzerrt zu sehen, verschiedene Perspektiven unvoreingenommener zu integrieren. Dadurch kommen wir zu tragfähigeren, besseren Entscheidungen.

» Es hilft, bei wichtigen Entscheidungen das Denken, das Wollen und das Fühlen einzubeziehen. Die Grundidee der *Dynamischen Urteilsbildung* eignet sich dafür hervorragend.

Reflexionsfragen

- Haben Sie schon einmal eine Entscheidung getroffen, bei der der »Versenkte-Kosten-Trugschluss« eine Rolle gespielt hat?
- Wie haben Sie entschieden?
- Haben Sie die Entscheidung später revidiert? Was hat Sie rund um die Revision der Entscheidung beschäftigt – was haben Sie gedacht, gefühlt, gewollt?
- Warum ist die Situation so?
- Welche Erkenntnisse und Fakten brauchen Sie, um zu einem Urteil zu kommen?
- Wie soll die Situation idealerweise aussehen und was braucht es dafür?
- Wie fühlt sich die Entscheidung an? Was sagt Ihre Intuition dazu?
- Was bräuchte es ggf. noch, damit es stimmig wird?
- Machen Sie sich Entscheidungen oft mit einem Hundertprozentigkeitsanspruch schwer?
- Wie gefällt Ihnen der Gedanke, dass auch 80 Prozent Stimmigkeit genug sein können, wenn alle inneren Seiten gehört wurden?

Mindful Business: Teamentscheidungen

*Sam lernt, bei Entscheidungen nicht nur sein »inneres Team« ad-
äquat mit einzubeziehen, sondern auch seine Mitarbeiter. Er hat dazu
einen Weg gefunden, der effizient ist, zu großem Rückhalt im Team
und zu starken, belastbaren Ergebnissen führt.*

Die Entscheidungsmatrix

Auf der Suche nach möglichst optimalen Abläufen und Entschei-
dungsfindungen im Team ist Sam auf den sogenannten »Beratungsprozess«von Frederic Laloux gestoßen und davon begeistert. Die Grundidee: Im eigenen Tätigkeitsbereich kann jedes
Teammitglied alles entscheiden. Einzige Voraussetzung: Es muss
vorher mit allen gesprochen haben, die von der Entscheidung be-
troffen sein werden, um ihre Meinung einzuholen (gegebenen-
falls auch die von Sam). Die Entscheidung liegt und bleibt dann
aber völlig bei dem Teammitglied, das die Initiative ergriffen hat.
Sam ist sehr inspiriert von dieser Idee und generell von Laloux'
Buch *Reinventing Organizations*. Er kann sich vorstellen, den
»Beratungsprozess« in einem nächsten Entwicklungsschritt aus-
zuprobieren. Er ist aber auch Realist genug, um abschätzen zu
können, was in seinem Unternehmen heute schon möglich ist
und was eben (noch) nicht.

Sam hat sich schließlich einmal gemeinsam mit seinem Team
Zeit genommen und alle wesentlichen Entscheidungen gesammelt, die derzeit zu treffen sind – von ihm oder von anderen im
Team. Im nächsten Schritt hat er mit seinen Leuten besprochen
und festgelegt, wer welche Entscheidung in Zukunft treffen und
wer jeweils mit einbezogen werden soll. Dabei ist er nach folgenden Grundsätzen vorgegangen:
Es entscheidet immer eine Person. Möglichst die, die für das Ergebnis dann auch am stärksten den Kopf hinhalten muss.

Es gibt dabei drei unterschiedliche Formen der Beteiligung an einer Entscheidung:

1. Die Person, die entscheidet, informiert die anderen im Nachhinein über das Ergebnis.
2. Die Person, die entscheidet, fragt die anderen vorher um ihre Meinung und entscheidet erst danach.
3. Es gibt eine »Co-Resolve«-Besprechung (siehe unten) mit denen, deren Perspektive zu diesem Thema am wichtigsten ist.

In sieben Schritten zu integrierten, dialogischen Entscheidungen

Sam hat von Christiane Leiste einen Ansatz namens »Co-Resolve« kennengelernt. Sie war die Erste, die diesen Ansatz in den deutschen Sprachraum gebracht hat. Entwickelt wurde er von Myrna Lewis.

Sam hat sich eine Kurzversion daraus gebastelt. Der Ansatz ist insgesamt komplexer als die sieben Schritte, die wir hier bringen. Aber die Grundidee ist folgende:

Wenn eine Perspektive weggeschoben und verdrängt wird, braucht das viel psychische Energie, und irgendwann rächt es sich trotzdem. Viel zielführender ist es, die Weisheit des Unbequemen, Weggedrängten konstruktiv hereinzuholen.

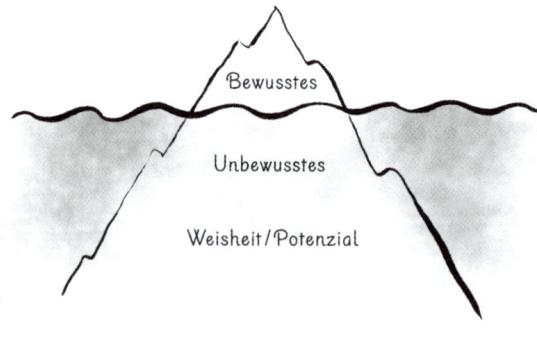

Das größte Potenzial der meisten Gruppen bleibt ungenutzt.

Im Gruppenbewusstsein ist alles, was in der Gruppe offen ausgesprochen ist. Dabei müssen nicht alle die gleiche Meinung dazu haben. Was nur manche wissen (dürfen) oder unausgesprochen bleibt, kann nicht ins Gruppenbewusstsein kommen.

In der heutigen Besprechung geht es um die Entscheidung, ob Sams Einheit nach einigen schweren Irritationen noch weiter mit einem wichtigen externen Partner zusammenarbeiten soll. Einige Teammitglieder haben sich vehement für eine Beendigung ausgesprochen.

Schritt 1: Alle Perspektiven an die Oberfläche holen. Sam tendiert im Augenblick zur Beendigung der Zusammenarbeit. Er begründet auch kurz, warum.
Früher hätte er das auch so gemacht und dann die Entscheidung von der Runde abnicken lassen. Sein Anliegen war es früher, von Anfang an eine einheitliche Stimmung zu schaffen. Andere Perspektiven wurden ignoriert oder überspielt.
Im Unterschied dazu ist Sam heute ernsthaft daran interessiert, zu Beginn einmal alle verschiedenen Ansichten auf den Tisch zu bekommen. Wenn sich einmal niemand findet, der einen Gegenstandpunkt vertritt, dann tut Sam das selbst. Er stellt dann ein paar wirklich gute Gründe in den Raum, die dafür sprechen, es genau anders zu machen, als er gerade gesagt hat. Er hat auch gemerkt, dass das sein eigenes Denken und seine Flexibilität fördert. Aus der Sicht von Mindfulness entspricht das dem Schritt »Innenschau«.

Aber heute ist es nicht nötig, dass Sam die Gegenseite eröffnet: Anne wendet gleich ein, dass der Aufwand, einen neuen Partner zu finden und einzuarbeiten, mit enormem Aufwand verbunden wäre. Erik schätzt den Hauptansprechpartner sehr und lobt dessen Fach- und Beziehungskompetenz. Wie er die Krise gemeistert hätte, sei zumindest respektabel gewesen.
Sam gibt viel Raum. Er macht klar, dass jede Meinung wichtig

ist, und gibt jedem die Chance, zu sprechen. Er zwingt aber niemanden dazu.

Einige sprechen sich sehr deutlich für einen Wechsel aus. Alles andere sei aus einer langfristigen Perspektive völlig unverantwortlich.

Nach mehreren Perspektiven meldet sich auch Diana. Es kostet sie sichtlich Überwindung. Sie meint, dass zwar schon einmal besprochen wurde, wie Sams Team selbst zu dem Schlamassel beigetragen habe, aber aus ihrer Sicht noch nicht ausreichend. Ihr seien da im Nachhinein noch ein paar Aspekte aufgefallen … Ob es nicht doch voreilig sei, die Verantwortung so stark zum Partner zu schieben?

Die Stimmung im Raum fällt unter den Gefrierpunkt. Sam merkt die Anspannung, die plötzlich da ist. Jetzt hilft ihm seine Achtsamkeitspraxis:

Schritt 2: Sicherheit für das »Nein« schaffen. Das »Nein« steht dabei für »die unpopuläre Gegenposition« oder »die Außenseiter-Perspektive«.

Die hätte früher keine Chance gehabt. Auch heute braucht es Mut, sie einzubringen.

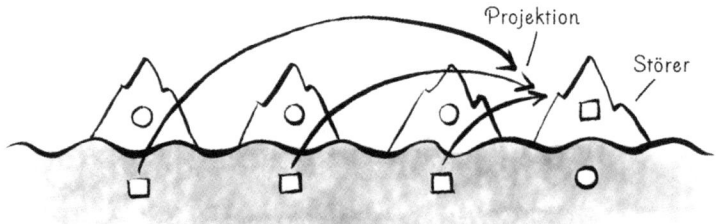

Im Grunde wissen alle, dass das Team auch selbst etwas verbockt hat (Quadrate). Sie fühlen sich aber unwohl damit und verdrängen es lieber. Diana spricht es als Einzige aus. Ohne Achtsamkeit führt das dazu, dass die anderen ihr eigenes Unwohlsein auf sie projizieren und Diana als Querulantin etikettiert wird. Dabei teilt sie durchaus auch vieles von der Perspektive der anderen, nur dass sie diese gerade nicht ausgesprochen hat, weil sie dem kritischen Fokus den Vorrang gegeben hat.

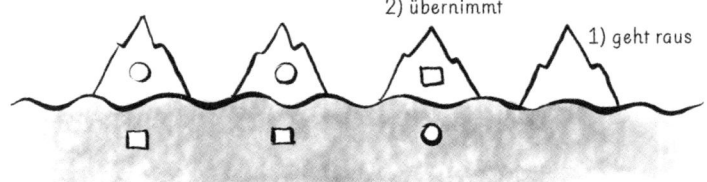

Der klassische Fall, wenn Diana das Team irgendwann verlässt:
Die nächste Person übernimmt ihre undankbare Rolle ...

Die Nein-Sager werden oft als Störer empfunden. Man könnte sie aber auch als potenzielle Signale dafür nehmen, dass es ein Umdenken und Aufwachen brauchen könnte. Und wie wir wissen, mag das unser kognitives System gar nicht ...

Auch Sam spürt, dass ein Teil von ihm keine Lust auf diese Perspektive hat. Er spürt Ärger, Unruhe und auch ein wenig Angst, dass er selbst schlecht wegkommen könnte. Und doch gelingt es ihm, sich ganz bewusst für Dianas Perspektive zu öffnen, freundlich und interessiert. DAS ist gelebte Achtsamkeit, merkt er.

Schritt 3: Das »Nein« streuen. Sam stützt Dianas Perspektive, indem er ein paar eigene Versäumnisse in der Zusammenarbeit mit dem Partner einbringt.
Gerade noch war Diana das schwarze Schaf in der Runde. Aber durch Sams »innere Arbeit« und seine Intervention merken nun auch andere: »Hoppla, auch ich habe nicht immer optimal kooperiert – und hier ist ein sicherer Ort dafür, das auszusprechen.« Etliche Kollegen melden sich – erst stockend, dann immer rascher und befreiter.
Um es mit der Eisberg-Metapher auszudrücken: Es ist gelungen, den Wasserspiegel abzusenken. Dadurch hat sich gezeigt, dass Dianas Perspektive auch bei den anderen da war, nur eben verborgen. Die Erleichterung in der Runde ist spürbar.

Schritt 4: Neue Einsichten und Erkenntnisse sammeln. Was hat sich durch den Austausch verändert? Sam teilt das mit: »Es ist mir vorhin gar nicht leichtgefallen, dieser Perspektive nochmals Raum zu geben. Ich dachte, das haben wir doch alles schon gemacht, und hatte auch ein wenig Sorge, selbst blöd dazustehen. Jetzt fühle ich mich freier und erleichtert.«

Andere ergänzen. Fazit: »Wir brauchen den externen Partner nicht mehr als Sündenbock für die Überforderung der letzten Zeit. Der hat Mist gebaut, wir auch. Wenn wir offen und ehrlich hinschauen, finden wir wichtige Lösungsansätze für die weitere Kooperation.«
Durch die Schritte zwei bis vier sind also neue, kreative Optionen entstanden.

Schritt 5: Abstimmen: Jetzt geht es an die dialogische Entscheidung. Sam hat den Eindruck, dass sich ein Vorgehen abzeichnet, mit dem die meisten voll einverstanden sein werden. Er formuliert das in etwa so:
»Mein aktuelles Bild ist folgendes: Wir setzen die drei besprochenen Sofortmaßnahmen um. Nach der Deadline nehmen wir uns Zeit für ein ›Lessons-Learned-Meeting‹, das Diana und Torsten vorbereiten. Dabei geht es vorrangig um die zwei Schlüsselereignisse im Projektverlauf, die heute zur Sprache gekommen sind. Mit dem Partner arbeiten wir vorläufig weiter.«

Sam wird die Entscheidung in dieser Sache treffen. Wenn er jetzt zur Abstimmung lädt, hat das beratende Funktion. Das ist für alle klar, wenn er jetzt fragt: »Wer kann sich dem anschließen?«
Alle bis auf drei heben die Hand. Wir ahnen es schon: Sam sagt jetzt nicht: »Wunderbar, das ist die Mehrheit – so machen wir's!«

Schritt 6: »Was brauchst du, um mitzugehen?« Sam wendet sich an die drei, die die Hand nicht gehoben haben: »Wie ihr seht, seid ihr in der Minderheit. Auch ich bin für den formulierten Vorschlag, wir werden diesen Weg gehen. Aber es ist wichtig, dass ihr bei uns bleibt. Was braucht ihr, um mitzugehen und die Entscheidung mitzutragen?«

Mae meldet sich als Erste der drei: »Mir ist wichtig, dass unser Partner von unserem heutigen Treffen erfährt – sowohl von unserer Reflexionsbereitschaft als auch davon, dass die Trennung im Raum stand und es uns wirklich ernst ist.« Die beiden anderen nicken zustimmend. Auch sie wünschen sich einen »Schuss vor den Bug«. Tom ergänzt: »Ich würde gern auch jemanden von denen zum ›Lessons-Learned‹ einladen. Dann kriegen die mit, wie das bei uns läuft, und ihre Perspektive wäre auch für uns wichtig.«

Schritt 7: Integration aller Anliegen. Sam formuliert also nochmals neu und integriert die Anliegen der Minderheit:
»Wir setzen die drei besprochenen Sofortmaßnahmen um. Wir berichten unserem Partner von der heutigen Sitzung und ihren Ergebnissen.
Wir setzen gleich einen Termin fest für ein ›Lessons-Learned-Meeting‹ nach der Deadline. Diana und Torsten bereiten es vor. Unser externer Ansprechpartner kommt dazu. Fokus: die zwei Schlüsselereignisse, die heute zur Sprache gekommen sind. Mit dem Partner arbeiten wir vorläufig weiter.«

Alle schließen sich an. Die Lösung ist inhaltlich besser als die vorige. Und alle sind dabei – auch innerlich.

Key Messages

» Sinnvolle Partizipation kann oft schon darin bestehen, dass man gemeinsam in einer Entscheidungsmatrix klärt, wer zu welchen Themen mitentscheidet und wer nicht.

» Es gibt Moderationstechniken, die es erlauben, mit wenig Aufwand abweichende Meinungen auf den Tisch zu bekommen und zu integrieren.

» Das erfordert einen sicheren Raum für Widerspruch und die Bereitschaft der Führungskraft (bzw. Moderation) zu Perspektivenwechsel und innerer Flexibilität.

» Dieses Vorgehen ist wesentlich zielführender und effizienter als das einseitige Durchdrücken der Meinung der Führungskraft oder der Mehrheit.

» Das Potenzial der Gruppe wird für ein inhaltlich besseres Ergebnis genutzt, Widerstände im weiteren Prozess werden reduziert und der Zusammenhalt und das gegenseitige Verständnis im Team gestärkt.

Reflexionsfragen

- Wie viele Perspektiven haben beim Austausch in Ihrem Team Platz? Gibt es einen, der alles vorgibt, zwei Lager, die ums Rechthaben streiten, oder werden alle gehört – auch die, die vielleicht unpopuläre Minderheitsperspektiven einbringen könnten?
- Wie kommen Entscheidungen in Ihrem Team zustande?
- Wie gehen Sie damit um, wenn Ihnen eine Entscheidung aufgezwungen wird, bei der Sie nicht gefragt und berücksichtigt wurden?
- Haben Sie in einer Führungsrolle schon einmal Widerstand erlebt, der im Lauf der Zeit stärker wurde oder in Resignation geendet hat? Haben dabei Mechanismen wie die oben beschriebenen eine Rolle gespielt?
- Kennen Sie es, dass Sie mit Ihrem Team unterwegs noch einmal zu Entscheidungen zurückkehren müssen, die eigentlich bereits getroffen waren?

Ausklang

Auf Wiedersehen!

Danke, dass Sie mit uns bis hierher gegangen sind. Gemeinsam mit Sam und Marie dürfen wir uns nun verabschieden. Wir wünschen Ihnen alles Gute für Ihren weiteren Weg als Mensch und – wenn Sie Führungsverantwortung haben – als menschliche Führungskraft.

Wir freuen uns sehr auf ein Wiedersehen, vielleicht sogar als Kennenlernen im wirklichen Leben. Trainer zum Salzburger Achtsamkeitsmodell gibt es mittlerweile im ganzen deutschen Sprachraum[51]. Ebenso empfehlen können wir alle Trainer für »Mindfulness in Organisationen« *(MIO)* und unsere Freunde von der *Kalapa Academy,* von *Potential Project, Seven Minds* oder *Search Inside Yourself.*

Über das Mindful Leadership Institut Salzburg und die Trigon Entwicklungsberatung bieten wir eine Reihe von Seminaren an. Schön, wenn wir uns dort begegnen!

Retreats finden Sie wie gesagt auf den Seiten der Achtsamkeitsverbände oder der MBSR-Verbände. Tolle Orte dafür sind der Benediktushof, Puregg, Chandolin, Beatenberg, die *Systelios-Akademie,* Liebenau, Wachtberg, Marienrode und viele weitere mit unterschiedlicher weltanschaulicher Hintergrundfärbung. Nehmen Sie das, was Ihnen innerlich am nächsten ist. Unsere Achtsamkeitsmuskeln präfrontaler Kortex und Insula lassen sich ja glücklicherweise weltanschauungsübergreifend trainieren.

Vielleicht hat Ihnen dieses Buch auch einen Geschmack davon gegeben, welches Potenzial im Thema Achtsamkeit für unsere Wirtschaft, Gesellschaft, Politik, Bildung und unser Gesundheitswesen steckt.

Die Achtsamkeitsverbände[52] haben sich zum Ziel gesetzt, das weiter voranzutreiben. Gut möglich, dass gerade während Sie das lesen, ein Gespräch zum Thema Achtsamkeit stattfindet, eine große Diskussionsrunde oder ein Seminar mit hochrangigen Politikern und Wirtschaftskapitänen, mit Führungskräften und Mitarbeitenden, mit Lehrern, Eltern und Schülern, Ärzten, Pflegenden und Patienten. In Großbritannien gibt es in diesem Sinne sogar schon eine Resolution des Parlaments zur »Mindful Nation UK«[53]. Wenn Sie das unterstützen wollen, ist das auch schon die einzige Eintrittsvoraussetzung. Werden Sie heute noch Mitglied oder – wie das die Verbände formulieren: Join the Mindful Revolution!

Es gibt so viele gute Angebote und Möglichkeiten – bleiben Sie dran und vor allem: Lassen Sie es sich gut gehen!

hiu weiter

Das Salzburger Achtsamkeitsmodell »in a nutshell«

Zwei Ebenen und ihr Dolmetscher

Unser Gehirn und unser Nervensystem lassen sich grob in zwei Ebenen unterteilen: das uralte und mächtige *somatische System* (Wollen) und das jüngere, sprachbegabte *kognitive System* (Denken). Beide sind sehr verschieden und brauchen einander. Sie sprechen auch unterschiedliche Sprachen und benötigen ihrerseits das *sensorische System* (Fühlen), um sich zu verständigen. Dort zeigt sich auch, wenn es Unstimmigkeiten zwischen Denken und Wollen gibt.

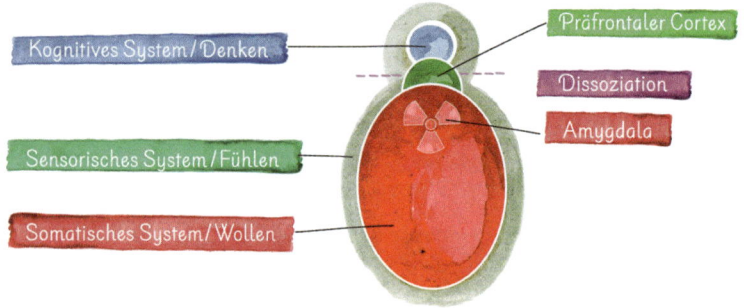

Dissoziation durch Wegschauen

Mit steigendem Stresspegel entkoppeln Denken und Wollen zusehends. Die Stressreaktion der Amygdala befördert das. Damit sinkt unsere Problemlösungskompetenz, und der Stress wird immer größer: ein Teufelskreis. Je länger wir darin gefangen sind, desto stärker verankert sich dieses System in unserem Gehirn *(Neuroplastizität).*

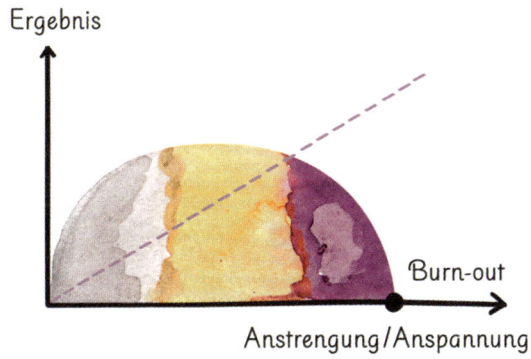

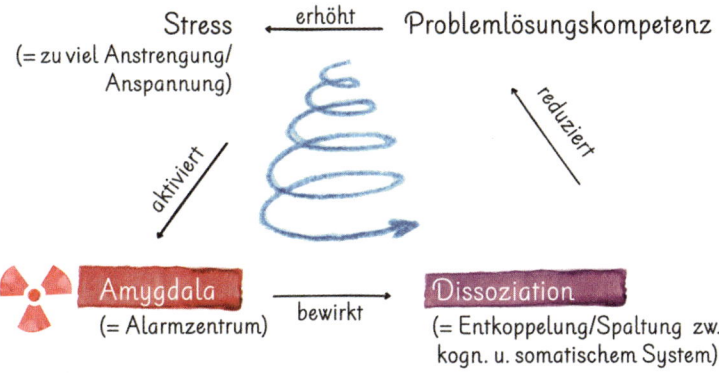

(*Integration durch wache Zuwendung*

Wenn wir unsere Aufmerksamkeit wohlwollend und wertfrei auf den gegenwärtigen Moment richten, zum Beispiel durchs Fokussieren auf den Atem oder unsere Körperwahrnehmung, dann aktiviert das den präfrontalen Kortex, die Insula und andere Regionen, die zusammen das sensorische System bilden. Denken und Wollen bekommen wieder eine Gesprächsbasis.)

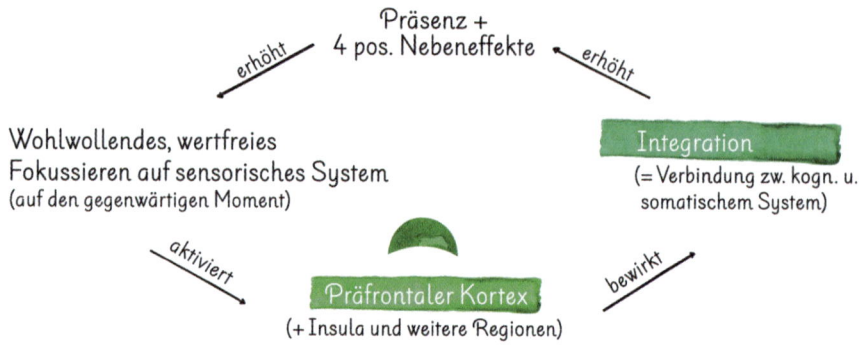

Die Integration zwischen beiden fördert Kompetenzen wie Fokus, Resilienz, Kreativität und Empathie.

Das wiederum hilft uns dabei, mit unserer Aufmerksamkeit leichter und unverkrampfter im gegenwärtigen Moment zu sein. Insbesondere unsere Selbstempathie ist wichtig, wenn wir längerfristig an der Achtsamkeit dranbleiben wollen. Eine innere Haltung von Wohlwollen und stiller Freude ist für unsere Motivation und unsere Neuroplastizität förderlicher als verbissene Selbstdisziplin mit dem Ziel der Selbstoptimierung.

Wie im Inneren, so im Äußeren

All diese Grundprinzipien gelten nicht nur für unsere interne Beziehung mit uns selbst, sondern auch im Äußeren: Wir können unliebsame Signale, Symptome und missliebige Perspektiven im Team verdrängen. Das schädigt die Kooperationsfähigkeit (Ineffizienzen entstehen, wichtige Informationen bleiben unberücksichtigt, das Signalsystem verkümmert), und die Kooperationsbereitschaft (Motivation, Zusammenhalt, Vertrauen) geht verloren.

Wir können diese Perspektiven aber auch integrieren, indem wir:

1. uns nicht ausschließlich kognitiv begegnen, sondern auch Fühlen und Wollen einen Raum geben,
2. die Wahrnehmungsfähigkeit im Team stärken, was Signale und Symptome der Einzelnen betrifft (bei den Einzelnen genauso wie aus der Zusammenarbeit im Team oder mit Kunden etc.),
3. die Offenheit fördern, diese Signale in einem konstruktiven und sicheren Rahmen in den Austausch zu bringen,
4. das mit innerer Ruhe, Einfühlungsvermögen und Humor tun,
5. auch in Turbulenzen in unserer Mitte und in Beziehung mit unseren Gesprächspartnern bleiben.

	Sackgasse	Potenzial
Autopilot: unverbindlich	bemühter/gequälter Small Talk	beschwingter, belangloser Austausch
Kognition: objektivierend, sachorientiert, bereit zur Differenz/Konfrontation	verhärtete Debatte, Schlagabtausch der Argumente, recht behalten	Abgleich von Gedanken und Argumenten, angeregter intellektueller Austausch, effizientes, sachlogisches Prüfen der Faktenlage, »Rausch der Nüchternheit«
Empathie/Mitgefühl: einfühlend, beziehungsorientiert, bereit zur Begegnung/Berührung	gemeinsam leiden, Gefühlsduselei	gegenseitige Öffnung, sich einfühlen (in sich selbst und den anderen), emotionales Verständnis füreinander
Wollen/Inspiration: inspiriert, am Entstehenden orientiert, bereit zur Transformation (selbst und System)	Schwelgen in Utopien	Loslassen aller unwesentlichen Vorannahmen und Vorbedingungen, sich einlassen auf das höchste Potenzial der gemeinsamen Situation

Achtsamkeit ist lernbar, aber braucht konsequente Übung

Das alles ist für die meisten Menschen logisch einsichtig. Es im Alltag einzusetzen ist aber anspruchsvoll und erfordert den Einsatz von Hirnregionen, die wir trainieren müssen, bevor sie in der Praxis immer mehr zur Verfügung stehen. Der Trainingsplan beinhaltet formale Praxis, Übung im Alltag und ein zusehends achtsameres Leben.

1. **M** oment!

2. **I** nnenschau (Signale aus dem Somatischen?)

3. **N** eue und kreative Optionen

4. **D** ialogische Entscheidung (im inneren Team)

F ormale Praxis

+ **U** ebung im Alltag (= informelle Praxis)

+ **L** eben!

Anhang

Übungsanleitungen Fokus

1. *Übung:* Achtsames Atmen

Wenn Sie sich dafür entschieden haben, im Sitzen zu üben, dann kommen Sie in einen aufrechten Sitz Ihrer Wahl. Sie müssen dazu Ihre Beine nicht im Lotossitz verknoten – das bringt Sie der Erleuchtung keinen Schritt näher. Eine Möglichkeit ist es, auf einem Meditationskissen oder -bänkchen im Fersensitz oder mit gekreuzten Beinen zu sitzen. Aber auch das Sitzen auf einem Stuhl ist völlig in Ordnung.

Wichtig ist, dass Sie dazu in der Lage sind, eine Weile mit aufrechter Wirbelsäule und gleichzeitig möglichst entspannt zu sitzen. Sie sollen sich wohlfühlen, aber auch eine gewisse Würde verkörpern.

Wenn es Ihnen angenehm ist, dann schließen Sie die Augen. Aber auch hier können Sie flexibel bleiben: Wenn Sie sich sehr müde fühlen oder Ihnen das Sitzen mit geschlossenen Augen sehr unangenehm ist, dann lassen Sie die Augen sanft geöffnet und richten Sie den Blick ca. zwei bis drei Meter vor sich auf den Boden. Lassen Sie den Blick dort ruhen, ohne aktiv zu schauen.

Bringen Sie Ihre Aufmerksamkeit dann zum natürlichen Rhythmus Ihrer Atmung. Versuchen Sie nicht, besonders langsam oder gleichmäßig zu atmen. Lassen Sie einfach Ihren Fokus nieder auf den Wellen der Atmung – so wie sich ein Schiff niederlässt auf den Wogen des Meeres.

Suchen Sie einen Bereich Ihres Körpers, wo Sie den Atem jetzt gerade gut fühlen können, zum Beispiel an den Nasenflügeln, wo die Atemluft kühl einströmt und etwas wärmer ausströmt. Oder an der Brust oder Bauchdecke, die sich mit der Atmung heben und senken. Sie müssen nicht immer den gleichen Ort wählen. Spüren Sie hin, wo es Ihnen an diesem Tag am leichtesten fällt, die Atmung zu beobachten. Bleiben Sie mit Ihrem Bewusstsein bei diesem Bereich.

Ihr Geist wird ganz unvermeidlich abschweifen. Das ist völlig normal. Kritisieren Sie sich nicht, ärgern Sie sich nicht. Bemerken Sie es einfach, und dann lenken Sie den Fokus freundlich und konsequent zurück zum Ankerpunkt Ihrer Aufmerksamkeit.

2. *Übung:* Achtsames Gehen

Wählen Sie eine kurze Strecke, auf der Sie ca. zehn Schritte vor- und zurückgehen können. Das kann draußen oder drinnen sein. Sie brauchen dafür nicht viel Platz.

Lassen Sie den Blick weich werden und etwa zwei bis drei Meter vor sich auf dem Boden ruhen.

Bringen Sie die Aufmerksamkeit zu Ihren Fußsohlen. Nehmen Sie Ihr Gewicht, Druckpunkte, Temperaturempfindungen, den Kontakt zum Boden wahr. Vielleicht möchten Sie ein paarmal sanft vor- und zurückwippen, um Zehen und Ferse besser zu spüren.

Dann gehen Sie in einem für Sie stimmigen Tempo los, und nehmen Sie wahr, was genau beim Gehen mit Ihrem Körper geschieht. Etwa wie Sie Ihr Gewicht auf eine Seite verlagern, sich eine Fußsohle vom Boden löst und wie sie wieder mit dem Untergrund in Kontakt kommt. Denken Sie nicht darüber nach, sondern versuchen Sie, es zu fühlen.

Wenn Sie möchten, können Sie die einzelnen Phasen des Gehens auch innerlich benennen: Heben – Bewegen – Setzen. Wiederholen Sie diese Worte still für sich, während Sie gehen.

Wenn Sie das Ende der Strecke erreicht haben, halten Sie einen Moment inne. Dann drehen Sie sich um und gehen zurück – immer wieder, bis die Zeitspanne, die Sie sich vorgenommen haben, abgelaufen ist.

Ziel der Übung ist es, mit der ganzen Aufmerksamkeit von Moment zu Moment beim Gehen zu sein. Sie können dabei mit unterschiedlichen Geschwindigkeiten experimentieren.

3. *Übung:* Achtsames Essen

Wenn Sie eine Mahlzeit dazu nutzen wollen, um Ihren Achtsamkeitsmuskel zu trainieren, dann nehmen Sie sich vor, die ersten zehn Bissen ganz bewusst wahrzunehmen.

Beginnen Sie bereits vor dem Essen: Nehmen Sie das, was vor Ihnen auf dem Teller liegt, einmal mit Ihren Sinnen bewusst wahr. Wie sieht es aus? Welche Farben hat es? Wie duftet es? Welche Resonanz löst das in Ihnen aus? Freuen Sie sich auf diese Mahlzeit? Läuft Ihnen das Wasser im Mund zusammen oder spüren Sie gierigen Hunger? Vielleicht taucht auch ein Gefühl der Dankbarkeit dafür auf, dass Sie ausreichend zu essen haben?

Dann bleiben Sie zehn Bissen lang mit Ihrem Bewusstsein bei dem Geschmack, dem Geruch, der Konsistenz Ihrer Mahlzeit. Wenn Sie durch Geräusche am Nebentisch oder Gedanken abgelenkt werden, dann bemerken Sie dies einfach und lenken den Fokus sanft, aber bestimmt zurück zu der sinnlichen Erfahrung.

(Hilfreich ist es, wenn Sie dazwischen immer wieder das Besteck ablegen, um noch intensiver wahrzunehmen.)

4. *Übung:* Dreipunkt-Meditation

Für diese Form der Atemmeditation empfiehlt es sich, wieder in eine aufrechte und doch bequeme Sitzposition zu kommen. Sie können aber auch im Liegen üben, wenn Sie dabei nicht einschlafen.

(Bringen Sie Ihr Bewusstsein zu Ihrer Atmung. Diesmal untersuchen Sie Ihren Atem etwas genauer: Nehmen Sie den ersten Impuls des Einatmens wahr (Punkt 1), dann den ersten Impuls des Ausatmens (Punkt 2) und schließlich den Wendepunkt, das heißt jene Millisekunde, wenn das Ausatmen aufgehört und das Einatmen noch nicht wieder eingesetzt hat (Punkt 3). Wiederholen Sie diese Abfolge für einige Minuten.)

Versuchen Sie auch hier, den Atem nicht zu verändern, sondern eher mit Interesse wahrzunehmen, wie er jetzt gerade ganz natürlich fließt. Vertrauen Sie der Weisheit Ihres Körpers.

Übungsanleitungen Kreativität

1. Übung: Offenes Gewahrsein

Kommen Sie in eine aufrechte, angenehme Sitzposition Ihrer Wahl. Schließen Sie die Augen oder senken Sie den Blick unfokussiert auf den Boden.

Nehmen Sie sich ein paar Atemzüge lang Zeit, um bei sich anzukommen. Dabei können Sie den Atem spüren, wie er in Ihren Körper hinein- und wieder hinausfließt.

Dann lösen Sie sich vom Fokus auf den Atem und lassen Ihr Bewusstsein weit werden. Sie können sich vielleicht sogar vorstellen, wie es sich in Ihrem Körper oder darüber hinaus ausdehnt. Sie können auch an einen weiten blauen Himmel denken, über den Wolken ziehen oder an dem andere Wetterphänomene erscheinen. Der Himmel lässt alles geschehen und bleibt davon unberührt.

Während Sie das offene Gewahrsein praktizieren, darf in Ihrem Bewusstsein alles auftauchen: Körperempfindungen, Geräusche, Gedanken, Gefühle. Nehmen Sie einfach zur Kenntnis, was gerade präsent ist, und beobachten Sie es mit größtmöglicher Gelassenheit und echtem Interesse. Halten Sie jedoch nichts fest, indem Sie Gedanken weiterspinnen oder über Gefühle nachdenken. Lassen Sie alles kommen und gehen. Versuchen Sie auch, eher die Erfahrungen zu sich kommen zu lassen, anstatt diese aktiv zu suchen. Wie eine Antenne, die Sie einfach auf Empfang schalten.

Wenn Sie sich doch in Gedankenspiralen hineindrehen oder der Geist kommentiert, bewertet etc., dann können Sie wieder kurz auf den Atem fokussieren. Dann öffnen Sie erneut den Raum für das offene Gewahrsein. Seien Sie der Himmel, nicht die Wolken!

Nach Ablauf der gewählten Zeit nehmen Sie ein paar bewusste Atemzüge und kehren Sie mit der Aufmerksamkeit zurück in die Außenwelt.

2. Übung: Meditatives Zirkeltraining*

Nehmen Sie wieder eine würdevolle und zugleich entspannte Sitzhaltung Ihrer Wahl ein. Wenn es Ihnen angenehm ist, schließen Sie die Augen. Ansonsten richten Sie den Blick sanft vor sich auf den Boden.

Üben Sie nun die Konzentration auf den Atem (Atem- oder Dreipunkt-Meditation). Wann immer Ihre Aufmerksamkeit abschweift – was sie unvermeidlich tun wird –, bringen Sie sie sanft und beharrlich zurück zu Ihrem Anker, der Atmung. Üben Sie dies ca. drei Minuten lang.

Dann wechseln Sie zur offenen Aufmerksamkeit bzw. dem offenen Gewahrsein. Weiten Sie das Feld Ihrer Aufmerksamkeit also maximal und halten Sie es für das gesamte Spektrum möglicher Erfahrungen offen. Alles, was auftaucht, darf da sein. Sie bemerken es und halten einfach nicht daran fest. Bleiben Sie auch dabei ca. drei Minuten lang.

Wiederholen Sie den Wechsel zwischen Konzentration und offenem Gewahrsein während der Meditation mehrmals. So üben Sie, flexibel zwischen beiden Zuständen hin- und herzuwechseln, und können im Alltag darauf zurückgreifen.

---

* Diese Übung haben wir von Chade-Meng Tan, dem Achtsamkeitstrainer von Google, übernommen. Tan, Chade-Meng (2012): *Search Inside Yourself*. München 2012.

3. Übung: Journaling

Wenn Sie denken, dass Tagebuchschreiben nur etwas für pubertierende Mädchen und alternde Schriftsteller ist, dann möchten wir Sie dazu ermutigen, diese Sichtweise abzulegen. Es gibt zahlreiche beeindruckende Studien, die belegen, dass nur zwei bis vier Minuten Schreiben täglich das körperliche und psychische Wohlbefinden enorm verbessern können.

Kein Sorge: Sie müssen keinen Roman verfassen und auch kein Gedicht reimen, lassen Sie einfach alle Ihre Gedanken und Gefühle frei aufs Blatt fließen – ohne Zensur. Sie werden sich dadurch sehr viel besser kennenlernen und unentdeckte Ressourcen freilegen.

Suchen Sie sich einen Ort, an dem Sie ungestört ein paar Minuten schreiben können. Legen Sie sich ein Blatt Papier oder ein Notizbuch zurecht und einen Stift, mit dem Sie gerne schreiben.

Bevor Sie loslegen, nehmen Sie zwei, drei Atemzüge und richten die Aufmerksamkeit nach innen. Öffnen Sie sich für alles, was in Ihnen auftauchen möchte. Alles ist erlaubt. Sie müssen weder klug klingen noch die Grammatik beachten. Niemand wird das Geschriebene lesen (wenn Sie es nicht möchten) oder beurteilen. Seien Sie also möglichst ehrlich.

Um Ihnen das Schreiben zu erleichtern, empfehlen wir Ihnen, sich ein, zwei Impulsfragen zu stellen oder mit Satzanfängen zu experimentieren. Zum Beispiel »Heute hat mich geärgert, dass …« und »Heute habe ich mich gefreut, dass …« oder »Jetzt gerade empfinde ich …«.

Stellen Sie sich einen Wecker für einen gewählten Zeitraum (2–15 Minuten), und dann schreiben Sie einfach los. Versuchen Sie, nicht zu lange nachzudenken, sondern bringen Sie einfach alles aufs Papier, was Sie gerade denken und fühlen – egal, wie banal oder unsinnig es Ihnen vorkommen mag. Sie müssen sich auch nicht an das Thema halten. Lassen Sie den Stift einfach dahinschreiben.

Wir empfehlen Ihnen, den Stift nicht ruhen zu lassen, bis die Zeit um ist. Wenn Ihnen gerade nichts einfällt, dann schreiben Sie einfach:»Mir fällt nichts ein. Ich weiß nicht, worüber ich schreiben soll …« Irgendwann wird wieder etwas anderes in Ihnen auftauchen.

Nach einer Weile wird es Ihnen immer leichter fallen, die Worte einfach fließen zu lassen. Sie werden sich so sehr viel besser kennenlernen, und manches wird sich beim Schreiben ordnen oder klären.

Übungsanleitungen Fokus, Vitalität und Resilienz

1. *Übung:* Body-Scan

Den Body-Scan, eine Art Körperreise, können Sie im Sitzen oder Liegen durchführen. Sie sollten dafür einen Ort wählen, an dem Sie eine Weile ungestört sind.

Finden Sie eine möglichst bequeme Haltung. Wenn es angenehm ist, schließen Sie dabei die Augen. Sonst senken Sie den Blick oder richten ihn an die Decke.

Dann lenken Sie die Aufmerksamkeit auf die Empfindungen Ihres Körpers. Öffnen Sie sich für das, was jetzt präsent ist – ohne irgendetwas Bestimmtes zu erwarten (zum Beispiel Entspannung). Nehmen Sie einfach wahr, was Sie jetzt in den verschiedenen Bereichen Ihres Körpers spüren können. Vielleicht sind da Temperaturempfindungen, Sie spüren den Kontakt zum Boden oder der Kleidung, ein Kribbeln oder auch Taubheit. Selbst die Abwesenheit von Empfindungen können wir wahrnehmen. Es gibt kein »gut« oder »schlecht« – alles darf so sein, wie es ist.

Beginnen Sie bei den Füßen, und dann wandern Sie allmählich nach oben – zu Ihren Unterschenkeln, Knien, Oberschenkeln, den Hüften, dem Rücken und dem Bauch, über die Schultern hinein in die Arme und Hände und schließlich zu Ihrem Kopf. Verweilen Sie jeweils für einen Moment an einem Ort. Woher wissen Sie zum Beispiel, dass Sie Hände haben, ohne hinzusehen? Wie fühlen sich Ihre Schultern jetzt gerade an?

Versuchen Sie, alles so sein zu lassen, wie es ist. Wenn unangenehme Empfindungen auftauchen, versuchen Sie auch damit einen Moment lang zu sein – ohne sofort in Widerstand zu gehen oder ein Urteil zu fällen. Wenn es zu schwierig wird, geben Sie sich die Erlaubnis, zu einem anderen Körperteil weiterzuwandern.

Wenn Sie den Body-Scan abgeschlossen haben, dann bringen Sie langsam und sanft wieder Bewegung in Ihren Körper, zum Beispiel indem Sie mit den Zehen und Fingern wackeln oder sich genüsslich rekeln. Wenn Sie so weit sind, kehren Sie zurück in die Außenwelt und Ihren Alltag.

2. *Übung:* Selbstmitgefühl-Pause*

Den Begriff »Selbstmitgefühl« hat vor allem die amerikanische Psychologin Kristin Neff geprägt. Sie war die Erste, die wissenschaftlich erforscht hat, wie sich diese innere Haltung auf unsere Gesundheit und unser Wohlbefinden auswirkt. Nach ihrer Definition hat Selbstmitgefühl drei Komponenten: Achtsamkeit, das Gefühl der gemeinsamen Menschlichkeit und Selbstfreundlichkeit.

Achtsamkeit bedeutet hier, der Realität mit großer Klarheit und Akzeptanz ins Auge zu schauen. Wir halten inne, um wahrzunehmen, dass wir vielleicht gerade einen schwierigen oder schmerzhaften Moment erleben. Wir gehen nicht in Widerstand, sondern erkennen an, was ist.

Im nächsten Schritt erinnern wir uns daran, dass alle Menschen leidvolle oder unangenehme Erfahrungen machen. Auch wenn wir uns gerade allein fühlen und uns isolieren möchten: In Wahrheit verbindet uns gerade unsere eigene Unvollkommenheit und die Unvollkommenheit des Lebens zutiefst mit allen anderen Menschen.

Häufig gehen wir mit uns selbst strenger und unfreundlicher um als mit allen anderen. Selbstfreundlichkeit ist aber eine wichtige Fähigkeit, die uns dabei hilft, für uns selbst da zu sein, wenn wir es

---

* Mehr über Selbstmitgefühl und das Mindful-Self-Compassion-Programm erfahren Sie in den Büchern von Kristin Neff, Christine Brähler und Christopher Germer, die wir Ihnen sehr empfehlen können.

brauchen. Wir bringen uns selbst Verständnis und Mitgefühl entgehen und behandeln uns selbst, wie wir einen guten Freund behandeln würden.

Versuchen Sie es einmal, wenn Sie sich gestresst fühlen oder ein Unbehagen in Ihnen auftaucht. Beginnen Sie mit nicht allzu schwierigen Situationen und nicht gleich mit den großen Krisen. Wieder gilt es, erst den entsprechenden Muskel aufzubauen, bevor wir die schweren Gewichte stemmen.

Richten Sie die Aufmerksamkeit auf Ihre Körperempfindungen: Wo nehmen Sie das Unbehagen am deutlichsten wahr? Wie fühlt es sich an, wütend / frustriert / ängstlich etc. zu sein?

Dann sagen Sie zu sich selbst: »Das ist ein Augenblick des Leidens.« Wenn Ihnen das zu förmlich ist, können Sie auch so etwas formulieren wie »Autsch – das tut gerade weh / das fühlt sich nicht schön an!« oder »Aha, da ist Stress!«.

Dann erinnern Sie sich selbst daran, dass auch andere Menschen diese Erfahrungen machen und niemand von Schwierigkeiten verschont bleibt. Sie sind nicht allein damit. Sagen Sie sich etwas wie »Solche Erfahrungen gehören zum Leben dazu« oder »Wir alle erleben schwierige Zeiten / fühlen uns manchmal so, ich bin nicht allein«.

Versuchen Sie nun, so freundlich wie möglich mit sich selbst umzugehen und sich selbst Mitgefühl und Fürsorge zu schenken. Vielleicht mögen Sie sich eine Hand auf das Herz legen und die Wärme dieser Geste spüren. Oder Sie sagen sich selbst so etwas wie »Möge ich freundlich zu mir sein«, »Möge ich jetzt gut für mich sorgen«, »Möge ich mir selbst verzeihen«. Vielleicht taucht auch etwas anderes auf, das Ihnen gerade guttun würde.
Wenn ein geliebter Mensch oder guter Freund in einer ähnlichen Situation wäre: Was würden Sie sagen?

Übungsanleitungen Mitgefühl

1. *Übung:* Metta-Meditation

Kommen Sie in einen aufrechten Sitz Ihrer Wahl. Die Haltung sollte würdevoll und zugleich entspannt sein. Schließen Sie die Augen oder richten Sie Ihren Blick sanft vor sich auf den Boden. Ziehen Sie Ihre Aufmerksamkeit mehr und mehr nach innen. Sie können dazu in Ihren Körper hineinspüren oder den Fokus auf Ihre Atmung richten.

Bringen Sie dann Ihre Aufmerksamkeit in den Bereich Ihrer Brust und Ihres Herzens. Was empfinden Sie dort in diesem Moment? Wenn es Sie unterstützt, dann können Sie sich eine Hand auf diese Stelle legen und die Wärme der Berührung fühlen.

Sie können sich auch fragen, ob sich Ihr Herz heute eher offen oder verschlossen anfühlt. Mit dieser Übung können wir lernen, unser Herz noch mehr für uns selbst und andere zu öffnen. Sie müssen nichts erzwingen, aber an dieser Stelle können Sie sich an diese Intention erinnern.

Denken Sie nun an jemanden, der Ihnen am Herzen liegt:
ein geliebter Mensch,
ein guter Freund,
ein Familienmitglied.
Jetzt beginnen Sie, diesem Menschen freundliche Wünsche zu schicken, und nehmen Sie sich die Freiheit, Worte zu finden, die für Sie bedeutungsvoll sind.
Beispiele für diese Wünsche sind:
Mögest du glücklich sein.
Mögest du in Sicherheit und Frieden leben.
Mögest du gesund sein.
Mögest du …

Wenn Sie mögen, verlagern Sie die Aufmerksamkeit auf sich selbst. Sie können auch sich selbst liebende Güte geben, entweder sich als heutigem erwachsenem Menschen oder – manchmal ist das leichter – einer jüngeren Version von sich selbst:

Möge ich glücklich und zufrieden sein.

Möge ich in Sicherheit leben.

Möge ich in Wohlstand und Freude leben.

Möge ich gesund sein.

Gerne können Sie nach Bedarf eigene Sätze finden, die gerade passen (zum Beispiel »Möge ich mit Leichtigkeit leben, frei von Schmerzen sein, gelassen bleiben« usw.).

Zum Abschluss richten Sie den Geist wieder für ein bis zwei Minuten auf Ihre Atmung, bevor Sie diese Übung beenden.

2. Übung: Genau-wie-ich-Meditation*

Wählen Sie eine Haltung, in der Sie bequem und aufrecht sitzen können. Wie immer können Sie mit geschlossenen oder leicht geöffneten Augen praktizieren.

Richten Sie Ihre Aufmerksamkeit zunächst für ein bis zwei Minuten auf Ihre Atmung.

Dann denken Sie an einen Menschen, der Ihnen am Herzen liegt. Versuchen Sie ein Bild dieser Person vor Ihrem inneren Auge entstehen zu lassen.

Wiederholen oder lesen Sie die folgenden Sätze im Stillen. Geben Sie sich nach jedem Satz etwas Zeit, damit er in Ihnen nachklingen kann:

Genau wie ich.

---

*   Diese Übung findet sich ähnlich im Programm *Search Inside Yourself* von Chade-Meng Tan.

Dieser Mensch besteht aus Körper und Geist, genau wie ich.

Dieser Mensch hat Gefühle, Empfindungen und Gedanken, genau wie ich.

Dieser Mensch war irgendwann in seinem Leben traurig, enttäuscht, wütend, verletzt oder verwirrt, genau wie ich.

Dieser Mensch erlebt körperlichen und emotionalen Schmerz und Leid, genau wie ich.

Dieser Mensch möchte frei sein von Schmerz und Leiden, genau wie ich.

Dieser Mensch möchte gesund sein, geliebt werden und erfüllende Beziehungen haben, genau wie ich.

Dieser Mensch will glücklich sein, genau wie ich.

Dann lassen Sie gute Wünsche für diese Person in Ihnen aufsteigen. Vielleicht wie die folgenden Sätze:

Möge dieser Mensch die Kraft, die Möglichkeiten sowie den emotionalen und sozialen Rückhalt haben, die Schwierigkeiten des Lebens zu meistern.

Möge dieser Mensch frei sein von Schmerz und Leiden.

Möge dieser Mensch glücklich sein, weil er ein menschliches Wesen ist, genau wie ich.

Mögen alle Menschen, die ich kenne, glücklich sein.

Lassen Sie sich Zeit dabei, und halten Sie zwischen den Sätzen auch inne, um nachzuspüren.

Zum Abschluss richten Sie den Geist wieder für ein bis zwei Minuten auf Ihre Atmung, bevor Sie diese Übung beenden.

Sie können diese Übung auch mit einem Menschen machen, dem Sie neutral gegenüberstehen, oder irgendwann sogar mit jemandem, den Sie gar nicht leiden können.

3. *Übung:* Drei-Atemzüge-Meditation

Diese Mini-Variante der Metta-Meditation können Sie jederzeit zwischendurch üben – egal, wo Sie gerade sind. Sie brauchen dafür nicht mehr Zeit, als drei Atemzüge dauern.

Halten Sie einen Moment inne und verbinden Sie sich auf eine stimmige Weise mit Ihrem Herzen. Sie können eine Hand auf Ihre Brust legen oder sich einfach innerlich auf diese Übung einstimmen.

Während des ersten Atemzugs richten Sie Ihre Aufmerksamkeit auf Ihre Atmung. Atmen Sie bewusst ein und aus.

Während des zweiten Atemzugs lassen Sie ein Lächeln auf Ihren Lippen entstehen. Es erinnert Sie an eine freundliche, warmherzige innere Haltung.

Mit dem dritten Atemzug senden Sie gute Wünsche an einen Menschen oder sich selbst (zum Beispiel »Mögest du glücklich sein«, »Mögest du gesund und frei von Leiden sein«).

Dann beenden Sie die Übung und kehren zurück in Ihren Alltag.

Buchtipps

Storch, Maja (2016): Machen Sie doch, was Sie wollen! Wie ein Strudelwurm den Weg zu Zufriedenheit und Freiheit zeigt.
Maja Storch zeigt in Ihrem Buch auf, dass Entscheidungen oder sogar ganze Lebensstile von dem bestimmt sind, was die Eltern, die Freunde, die Medien oder der Zeitgeist sagt. Anhand eines kleinen Strudelwurms können wir herausfinden, was wir wirklich wollen.

Hüther, Gerald (2017): Was wir sind und was wir sein könnten. Ein neurobiologischer Mutmacher.
Wir kennen wenige Vortragende, die einen Abend so klug und witzig aus dem Stegreif gestalten können und mit denen das Feierabendbier so tiefsinnig und beschwingt ist. Gerald Hüther macht auch bei kritischen Themen Mut. Burn-out als Krankheit unserer Zeit und Krisen überall – er führt es darauf zurück, dass wir im Umgang mit Kindern, mit Kollegen und Mitarbeitern und mit uns selbst den immer gleichen Fehler machen: Wir betrachten alles als Ressource. Seine Vision ist der Wechsel von einer Gesellschaft der Ressourcennutzung zu einer Gesellschaft der Potenzialentfaltung, mit mehr Raum und Zeit für das Wesentliche.

Sapolsky, Robert. M. (2004): Why Zebras Don't Get Ulcers.
Der weltweit anerkannte Primatenforscher Robert M. Sapolsky hat in der dritten, völlig überarbeiteten Ausgabe seines Bestsellers spannende neue Kapitel ergänzt, etwa darüber, wie sich Stress auf Schlaf und Suchtverhalten auswirkt, über neue Forschungsergebnisse im Bereich Angst- und Persönlichkeitsstörungen und den Einfluss von Achtsamkeit auf die Fähigkeit, mit Stress umzugehen.

Werner, Götz (2015): Womit ich nie gerechnet habe: Die Autobiographie.

Götz Werner und sein Führungsteam haben aus unserer Sicht schon achtsam geführt, bevor der Begriff überhaupt entstanden ist. Persönliche Weiterentwicklung und Integrität, Respekt vor der Individualität der Mitarbeitenden und ein ganzheitlicher, dialogischer Führungsansatz wurden zur Grundlage für eine Erfolgsgeschichte des organischen Wachstums.

Horx, Matthias, und andere (2016): Digitale Erleuchtung. Zukunftsinstitut.

Wir schätzen die Zusammenarbeit mit Matthias Horx, weil er es wie kaum ein anderer versteht, Achtsamkeit in den Zusammenhang der großen Zukunftstrends unserer Wirtschaft und Gesellschaft zu stellen. Er zeigt dabei vielfältige, oft überraschende Zusammenhänge auf, die durchdacht, Business-relevant und dabei auch noch unterhaltsam sind.

Auch lesenswert: seine Studie »Die Neue Achtsamkeit. Der Mindshift kommt«.

Scharmer, Claus Otto (2018): The Essentials of Theory U: Core Principles and Applications.

Seit Kurzem gibt es Otto Scharmers umfangreiches Standardwerk »Theory U« zu Achtsamkeit in Gruppen und großen sozialen Systemen auch in einer deutlich lesbareren Kurzfassung. Derzeit nur auf Englisch, aber die deutsche Version kommt hoffentlich bald.

Kabat-Zinn, Jon (2013): Gesund durch Meditation: Das große Buch der Selbstheilung mit MBSR.

Jon Kabat-Zinn, Gründervater der modernen Achtsamkeitsbewegung, gibt in diesem Grundlagenwerk einen tollen Überblick über das Konzept von MBSR (Mindfulness-Based Stress Reduction) als wissenschaftlich geprüftes Achtsamkeitstraining, bestehend aus Meditationen, Atem- und Yogaübungen. Jon

Kabat-Zinn lebt, was er predigt. Dass er seit Jahrzehnten täglich ausgiebig meditiert, ist ohnehin klar. Aber auch beim Yoga bringt der 74-Jährige uns ins Schwitzen und nicht umgekehrt.

Steindl-Rast, David (2016): Ich bin durch Dich so ich. Lebenswege.
Kaum jemand berührt uns bei persönlichen Begegnungen und gemeinsamen Meditationen so und steht für uns für Mitgefühl wie David Steindl-Rast. Der Benediktinermönch, Eremit und Zen-Lehrer erzählt anlässlich seines 90. Geburtstags sein bewegtes Leben und vermittelt dabei in wunderbarer Bescheidenheit und mit all seiner Lebenserfahrung, wie wir die großen und kleinen Probleme dieser Welt nur dann lösen können, wenn es uns gelingt, ein Bewusstsein für die Zusammengehörigkeit aller Dinge und Menschen zu entwickeln.

Germer, Christoper, Hölzel, Britta, Neff, Kristin (2012): Achtsames Selbstmitgefühl: Wie man sich von destruktiven Gedanken und Gefühlen befreit.
Britta Hölzel, Forscherin, Achtsamkeitstrainerin und Freundin, hat gemeinsam mit dem Begründer des Mindful Self-Compassion, Christopher Germer, ein Original-Trainingsprogramm zum Weg der achtsamen Selbstliebe verfasst. Meditationen, die uns ermöglichen, Stress und anderen Schwierigkeiten im Leben mit Wärme, Freundlichkeit und Mitgefühl zu begegnen.

Alter, Adam (2018): Unwiderstehlich: Der Aufstieg suchterzeugender Technologien und das Geschäft mit unserer Abhängigkeit.
Der Psychologe Alter setzt sich mit dem suchterzeugenden Design von Technologien auseinander und mit dem noch jungen Zeitalter der Verhaltenssüchte. Er macht deutlich, welchen gesellschaftlichen Problemen wir hier entgegengehen, aber auch, wie wir ihnen mit einer entsprechenden Aufklärung und Bewusstseinsschulung gegensteuern können.

Laloux, Frederic (2015): Reinventing Organizations: Ein Leitfaden zur Gestaltung sinnstiftender Formen der Zusammenarbeit.
Dem McKinsey-Aussteiger Frederic Laloux sind wir persönlich zum ersten Mal bei einer Veranstaltung in Brüssel begegnet, als er seine Erfahrungen und Überlegungen dem Dalai Lama vorgestellt hat. In seinem Buch beschreibt er anhand von zwölf realen, ganz und gar erstaunlichen und dabei sehr erfolgreichen Unternehmen, wie wir Organisationen menschen- und leistungsgemäßer gestalten können. Als Menschen wollen wir mit einem Sinn und selbstbestimmt agieren. Laloux beschreibt, wie das gehen kann. Die vorliegende Kompaktversion seines ursprünglich 360 Seiten dicken Buches ist viel kürzer, bunt illustriert und leicht und unterhaltsam zu lesen.

Lewis, Myrna (2008): Inside the No.
Myrna Lewis hat ihre Methode »CoResolve« in ein Buch für Menschen in allen Lebenslagen verpackt. Mit schrittweisen Anleitungen zeigt sie, wie das Hören aller Stimmen und die Arbeit mit Emotionen, Intuitionen, Bindungen und Mustern in der Praxis gelingen kann. Sie macht sie anwendbar auf alltägliche Themen wie Entscheidungsfindung, Konfliktlösung und Kreativität. Im deutschen Sprachraum ist Christiane Leiste eine erfahrene Pionierin dieser Methode.

Wir sagen DANKE

Wir danken an allererster Stelle unseren Kindern, die dieses Buchprojekt (nicht ganz freiwillig) mitgetragen haben und dafür auf manche Familienaktivität verzichten mussten, was aber nachgeholt wird (versprochen!).

Auf dem Cover dieses Buches müssten eigentlich so viele Namen stehen, dass für den Titel kein Platz mehr wäre. Natürlich stehen wir mit diesem Buch auf den Schultern von Riesen – vielen, vielen Generationen von herausragenden Denkern und Praktikern, die ihr Wissen weitergegeben haben, sodass andere an ihre Arbeit anknüpfen konnten. In gewisser Hinsicht enthält dieses Buch (wie die meisten Bücher) kaum etwas, das nicht schon ein paar Tausend Jahre alt wäre.

So weit wollen wir hier nicht zurückgehen und bedanken uns nur bei unseren direkten Lehrerinnen und Lehrern: Prof. Jon Kabat-Zinn, Dr. Dan Siegel, Dr. Lisi und Tho Ha Vinh, Dr. Stephen Gilligan, David Steindl-Rast, Dr. Arthur Zajonc, Prof. Dr. Friedrich Glasl, Maja Storch, Matthias Horx und Prof. Dr. Otto Scharmer. Sie inspirieren unser Leben, unsere Beratungsarbeit und unsere Lehrgänge. Die Auseinandersetzung mit ihrer Arbeit, die Begegnungen und der – zum guten Teil noch fortdauernde – Austausch mit ihnen haben wesentlich zur Entwicklung des Salzburger Achtsamkeitsmodells (SAM) beigetragen.

Wir danken Dr. Britta Hölzel und Peter Bostelmann für die Begleitworte zu diesem Buch. Britta unterstützt uns als Trainerin in unseren Achtsamkeitslehrgängen, hat immer wieder mit uns diskutiert und unermüdlich darauf hingewiesen, dass die Forschung auf dem Gebiet der Achtsamkeit vielversprechend ist, aber noch ganz am Anfang steht. Peter ist ein inspirierender Mitstreiter, wenn es darum geht, unser gemeinsames Herzensanliegen groß zu spielen und kräftig in die Welt und insbesondere in die Wirtschaft zu tragen.

Wir danken allen Menschen, die uns immer wieder beflügeln: befreundeten Unternehmern und unseren Kooperationspartnern und Teilnehmern an unseren Vorträgen und Seminaren, die zu Forschungspartnern wurden.

Danke auch all unseren Freunden, Förderern, Wegbegleitern und Kollegen, die uns zeigen, dass Vernetzung und Kooperation mehr sein kann als bloßes *Netzwerken,* sondern eine wirkliche Inspiration und ein Weg gemeinsamer Entwicklung, auf dem wir gemeinsam so viel mehr erreichen können. Danke in diesem Sinne an Alexandra Abensperg-Traun, Maria Kluge, Cornelius Pietzner, Sander Tiedeman, Susan Bauer-Wu, Amy Varela, Diana Chapman Walsh, Vasco Gaspar, Ildiko Haring, Prof. Katherine Weare, Chris Ruane, Jamie Bristow, Michelle und Joel Levey, Julia Culen, Dr. Karlheinz Valtl, Dr. Martina Esberger-Chowdhury, Peter Hofmann, Helga Luger-Schreiner, Wolf-Dieter Nagl, Herbert Hirner, Matthias Reisinger, Christian Thalhammer, Christian Mayhofer, Nicole Stern, Gerd Metz, Barbara Riedenbauer, Dr. Alexander Herr, Michaela Doepke, Dr. Eva-Maria Kampel, Friedl Sobota, Melanie und Dietmar Wohnert, Germán Barona, Imelda Breitenmoser, Jasmin Schott, Hannah-Lisa Linsmaier, Mathias Riedel, Karolina und Johannes Gutberlet, Anja Vrany, Thomas Engelhardt, Kirsten Wolff, Michael Beilmann, Michael Merks, Erhan Ali Yilmaz, Sonja Schachtner, Dr. Sabine Horst, Josiana Arippol, Selim Nigri, Alejandra Galleguillos, Matias Fernández Depetris, Elaine Beadle, Marc Wethmer, Margarete und Harald Jäckel, Herbert Salzmann, Angus Jenkinson, Volker von Bremen, Rudi Ballreich, Nathalie Legros, Christiane Leiste und Petra Mayer.

Andreas Klaus, unserem Lektor, der uns mit viel Sachverstand und Herz durch den Prozess begleitet hat. Nontira Kigle, unserer Illustratorin der ersten Stunde, für ihre Kreativität, ihre hohe Einsatzbereitschaft und Verbindlichkeit. Melanie Müller und Myriam Wilke, die uns beim Aufbau des Buches und der textlichen Strukturierung unermüdlich unterstützt haben.

Und schließlich unseren Eltern und engen Freunden, die immer für uns da sind.

Anmerkungen

Einführung

1   https://www.zukunftsinstitut.de/artikel/future-forecast/gibt-es-einen-me-gatrend-achtsamkeit/(abgerufen am 01.09.2018).

2   Singer, Tania/Kok, Bethany E./Bornemann, Boris/Zurborg, Sandra/Bolz, Mathias/Bochow, Christina: *The ReSource Project. Background, design, samples, and measurements,* hrsg. von Max Planck Institute for Human Cognitive and Brain Sciences. 2. Aufl., Leipzig 2016.

3   Grossman, Paul/Kappos, Ludwig/Gensicke, Henrik/D'Souza, Marcus/Mohr, David C./Penner, Ik/Steiner, Claudia: »MS Quality of Life, Depression and Fatigue Improve after Mindfulness Training: A Randomized Trial«, in: *Neurology.* September 2010, S. 1141–1149.

4   Ruedy, Nicole E./Schweitzer, Maurice E.: »In the Moment: The Effect of Mindfulness on Ethical Decision Making«, in: *Journal of Business Ethics.* September 2010, S. 73–87.

5   Hougaard, Rasmus/Carter, Jacqueline: *The Mind of Leader. How to Lead Yourself, Your People, an Your Organization for Extraordinary Results.* Brighton, MA 2018.

Aus dem Alltag einer Führungskraft

6   Rock, David: *Brain at Work: Intelligenter arbeiten, mehr erreichen.* Frankfurt am Main 2011.

7   Ebd.

Sich und andere besser verstehen:
Das Salzburger Achtsamkeitsmodell (SAM)

8   Ekman, Paul: *Gefühle lesen. Wie Sie Emotionen erkennen und richtig interpretieren.* 2. Aufl., Berlin/Heidelberg 2016.

9   Mehr dazu z.B. in: Enck, Paul/Frieling, Thomas/Schemann, Michael: *Darm an Hirn! Der geheime Dialog unserer beiden Nervenzentren und sein Einfluss auf unser Leben.* Freiburg im Breisgau 2017.

10 Vgl. z.B.: http://www.zeit.de/wissen/gesundheit/2017-07/psychische-erkran-kungen-keime-schaden-therapie; http://www.spektrum.de/news/eine-psychische-stoerung-beginnt-im-darm/1532597 (abgerufen am 01.09.2018).

11 Vgl. Storch, Maja: *Machen Sie doch, was Sie wollen! Wie ein Strudelwurm den Weg zu Zufriedenheit und Freiheit zeigt.* 2. Aufl., Göttingen 2016.

12 Vgl. z. B.: Csikszentmihalyi, Mihaly: *Flow. Das Geheimnis des Glücks.* 3. Aufl., Stuttgart 2017.

13 Wolf, Christiane / Serpa, Greg: *Die Kunst, Achtsamkeit zu lehren.* Freiburg 2016.

14 Hölzel, Britta K. / Hoge, Elisabeth A. / Greve, Douglas N. / Gard, Tim / Creswell, J. David/ Brown, Kirk Warren / Lazar, Sara W. : »Neural mechanisms of symptom improvements in generalized anxiety disorder following mindfulness training«, in: *NeuroImage: Clinical.* März 2013, S. 448–458.

15 Romhardt, Kai: *Achtsam wirtschaften. Wegweiser für eine neue Art zu arbeiten, zu kaufen und zu leben.* Freiburg im Breisgau 2017, S. 41.

Präsenz und ihre vier positiven Effekte

16 Singer, Tania / Kok, Bethany E. / Bornemann, Boris / Zurborg, Sandra / Bolz, Mathias / Bochow, Christina: *The ReSource Project. Background, design, samples, and measurements,* Hrsg. von Max Planck Institute for Human Cognitive and Brain Sciences. 2. Aufl., Leipzig 2016.

17 Vgl. Markowetz, Alexander: *Digitaler Burnout. Warum unsere permanente Smartphone-Nutzung gefährlich ist.* München 2015.

18 Microsoft verweist in ihrer Studie auf die Statistikquelle von *statisticbrain.* Diese wiederum basieren ihre Angaben auf Weinreich, Harald / Obendorf, Hartmut / Herder, Eelco / Mayer, Matthias: »Not Quite the Average: An Empirical Study of Web Use«, in ACM Transactions on the Web. Januar 2008.

19 Ebd.

20 Ebd.

21 Eine gute Übersicht finden Sie hier: http://www.zeit.de/karriere/beruf/2012-08/multitasking-gehirnleistung (abgerufen am 01.09.2018).

22 Cowan, Nelson: *Working Memory Capacity.* London 2016.

23 Steiner-Adair, Catherine: *The Big Disconnect. Protecting Childhood and Family Relationships in the Digital Age.* New York 2013.

24 Killingsworth, Matthew A. / Gilbert, Daniel T. : »A Wandering Mind Is an Unhappy Mind«, in: *Science.* November 2010, S. 932. Hier zitiert nach: Kingsland, James (2017).

25 Jha, Amishi P. / Krompinger, Jason/ Baime, Michael J.: »Mindfulness training modifies subsystems of attention«, in: *Cognitive Affective & Behavioral Neuroscience.* Juli 2007, S. 109–119.

26 Tan, Chade-Meng: *Search Inside Yourself.* München 2012, S. 123.

27 Ebd.
28 Rock, David: *Brain at work. Intelligenter arbeiten, mehr erreichen.* Frankfurt am Main 2011, S. 111.
29 Rock, David (2011), S. 112.
30 Tan, Chade-Meng: *Search Inside Yourself.* München 2012, S. 123.
31 Colzato, Lorenza S./Ozturk, Ayca/Hommel, Bernhard: »Meditate to Create: The Impact of Focused-Attention and Open-Monitoring Training on Convergent and Divergent Thinking«, in: *Frontiers in Psychology.* April 2012, S. 1–5.
32 Berkovich-Ohana, Aviva/Glicksohn, Joseph/Ben-Soussan, Tal Dotan/Goldstein, Abraham (2017): »Creativity Is Enhanced by Long-Term Mindfulness Training and Is Negatively Correlated with Trait Default-Mode-Related Low-Gamma Inter-Hemispheric Connectivity«, in: *Mindfulness.* Dezember 2016, S. 717–727.
33 www.presencing.org (abgerufen am 01.09.2018).
34 https://www.huffingtonpost.com/2015/03/23/ways-that-commuting-ages-you_n_6909568.html?guccounter=1 (abgerufen am 01.09.2018).
35 Hier zitiert nach: Tan, Chade-Meng: *Search Inside Yourself.* München 2012, S. 139.
36 Hanson, Rick: *Denken wie ein Buddha. Gelassenheit und innere Stärke durch Achtsamkeit.* München 2013, S. 47.
37 Hölzel, Britta/Brähler, Christine: *Achtsamkeit mitten im Leben.* München 2015, S. 43.
38 Brown, Brené: *The Gifts of Imperfection.* Center City, MN, USA 2010, S. 16.
39 Ebd.
40 Singer, Tania/Ricard, Matthieu: *Caring Economics.* Maidenhead, UK 2017.
41 https://greatergood.berkeley.edu/article/item/why_you_should_love_thy_coworker (abgerufen am 01.09.2018).
42 https://greatergood.berkeley.edu/article/item/compassion_across_cubicles/ (abgerufen am 01.09.2018).
43 Melwani, Shimul/Müller, Jennifer S./Overbeck, Jennifer R.: »Looking down: The Influence of Contempt and Compassion on Emergent Leadership Categorizations«, in: *Journal of Applied Psychology.* November 2012, S. 1171–1185.

Mindful Leadership in der Praxis

44 Alter, Adam: *Der Aufstieg suchterzeugender Technologien und das Geschäft mit unserer Abhängigkeit.* München 2018, S. 26.
45 Alter, Adam (2018), S. 9.

46 Przybylski, Andrew K./Weinstein, Netta: »Can You Connect With Me Now? How the Presence of Mobile Communication Technology Influences Face-to-Face Conversation Quality«, in: *Journal of Social and Personal Relationships*. Mai 2013, S. 237–246.

47 Christensen, Matthew A./Bettencourt, Laura/Kaye, Leanne/Moturu, Sai T./Nguyen, Kaylin T./Olgin, Jeffrey E./Marcus, Gregory M.: »Direct Measurements of Smartphone Screen-Time: Relationships with Demographics and Sleep«, in: *PLoS ONE*. November 2016, S. 1–14.

48 Alter, Adam (2018), S. 14.

49 Hafenbrack, Andrew/Kinias, Zoe/Barsade, Sigal: »Debiasing the Mind Through Meditation: Mindfulness and the Sunk-Cost Bias«, in *Psychological Science*. Dezember 2013, S. 1–8.

50 Bächtold, Susanne/Supersaxo, Katja: *Dynamische Urteilsbildung. Urteilen und Handeln mit der Lemniskate. Ein Handbuch für die Praxis*. Bern 2005.
Ballreich/F. Glasl: *Konfliktmanagement und Mediation in Organisationen. Ein Lehr- und Übungsbuch zur Organisationsmediation*. Stuttgart 2011.

Ausklang

51 www.achtsamesführen.at, www.achtsamesführen.de (abgerufen am 01.09.2018).

52 www.vfam.de, www.öbam.at (abgerufen am 01.09.2018).

53 http://themindfulnessinitiative.org.uk. (abgerufen am 01.09.2018).

Britta Hölzel und Christine Brähler

Achtsamkeit mitten im Leben

Anwendungsgebiete und
wissenschaftliche Perspektiven

Immer mehr Menschen möchten Meditation und Achtsamkeit als einen zentralen Bestandteil in ihr Leben integrieren. Wie das familiäre und soziale Beziehungen beeinflussen kann, dokumentieren hier eindrucksvoll Britta Hölzel und Christine Brähler. Die Hirnforscherin und die Psychotherapeutin geben einen fundierten Überblick darüber, wie Achtsamkeit in vielen wichtigen Lebensbereichen umgesetzt werden kann. Wer selbst mehr Achtsamkeit in sein Leben bringt – etwa im Umgang mit Kollegen, Klienten, Kindern, Partnern und Freunden –, verändert auch die Gesellschaft im Ganzen.

»Das Grundlagenwerk vereint einige der wichtigsten deutschsprachigen Achtsamkeitsautoren.«

lernwelt.at